Das Spiel mit den bildnerischen Mitteln
herausgegeben von
Ernst Röttger und Dieter Klante

Band VII Werkstoff Metall

von Heinz Ullrich und Dieter Klante
unter Mitarbeit von Ernst Röttger

Otto Maier Verlag Ravensburg

Das Spiel mit den bildnerischen Mitteln

Werkstoff Papier

Werkstoff Holz

Keramik

Textiles Werken

Farbe und Gewebe

Wellpappe

Werkstoff Metall

Das Spiel mit den Bildelementen

Punkt und Linie

Die Fläche

6. Auflage

 Satz: Buchdruckerei Ulrich Göppel, Ravensburg; Druck: Himmer, Augsburg

ISBN 3-473-61307-X. Printed in Germany 1980

VORWORT VON WILHELM WAGENFELD

Eine leere Blechschachtel zu verbiegen, ihre für den Verpackungszweck nutzlos gewordene Form zu zerstören mit den Händen, um irgend ein Gebilde aus Absicht und Zufall daraus zu machen, ist für mich noch immer ein erregendes Vergnügen. Eine Spielerei? Spaß am abenteuerlichen Umgang mit dem widerstrebenden Stoff? Gewiß. Aber auch ebenso viel wache Neugier, die sehend und fühlend, wollend und nachgebend den Formveränderungen folgt.

Wenn den Händen nach längerem Abtasten die erste einknickende Verbiegung gelingt, — ich spüre, wie nunmehr die statische Festigkeit der Schachtel zerstört ist, — beginnt mit Einfühlung und Zwingen, gewaltsam und vorsichtig das weitere Verdrücken und Verbiegen, bis am Ende ein in sich neu verfestigtes und starres Blechgebilde da ist, das nur entfernt vom Gewußten her an sein Gewesenes erinnert.

In solchen Knittergebilden stecken jedesmal ungemein widerständige, neue Verfaltungen des Blechs, die alle Mühe, es mit den Händen in seinen früheren Zustand zurückzudrücken, vergeblich macht.

Ich habe hieraus manches gelernt und mir gemerkt, was sich nachher als nützliches Wissen erwies für mein Mittun in der Industrie, wenn es darum ging, neuen Modellen für spanlos verformte Metallgeräte mit geringstem Aufwand die rechte Festigkeit zu geben.

Dieses Beabsichtigte, schlechthin alles Zweckdienliche, dann unauffällig zu machen, es so harmonisch im Ganzen zu verbergen, daß das Fertige wirklich aussieht wie ein für den Haushalt brauchbares Spielzeug, ist oftmals allerdings eine sehr langwierige Sache gewesen.

An solche eigenen Blechverformungen — mitunter mehr auf den Zweck gerichtet, mitunter auch weniger, nur dem Suchen und Tasten hingegeben — dachte ich beim Betrachten der Abbildungen des Buches „Werkstoff Metall“, das die Reihe „Das Spiel mit den bildnerischen Mitteln“ jetzt so vorzüglich ergänzt.

Inhaltsverzeichnis

EINFÜHRUNG

Dieses Buch ist kein Lehrbuch. Es wendet sich nicht nur an Lehrer und Erzieher, sondern auch an Laien, Jugendgruppen und Volkshochschulen.

In langwieriger Arbeit sind hier Beispiele zusammengestellt, die Anregungen zum Werken mit Metall in den elementaren Verfahren geben. Mit Absicht sind hier Verfahren wie das Schmieden, Gießen und das in pädagogischer Hinsicht problematische Emaillieren nicht behandelt worden. Sie bleiben einer späteren Veröffentlichung vorbehalten. Wie in den bisher erschienenen Bänden wird auch hier das Spiel als Mittel zur Entfaltung der kreativen Kräfte gezeigt.

Da aber nachweislich viele gedankenlos die abgebildeten Werkstücke einfach nachmachen, sei noch einmal nachdrücklich auf das Wesen des Spiels hingewiesen:

Das Spiel hat dann Erfolg, wenn es sowohl durch Einschränkung in den Mitteln als auch in seinem Verlauf bestimmt wird. Das Endergebnis ist unbekannt und hängt von der Konzentration und Erfindungsgabe des Spielenden ab.

In jedem Falle aber hat es seinen Sinn in sich selbst, in der Freude an einem zweckfreien Umgang mit dem Werkstoff. Im Spiel lernt der Spielende den Werkstoff kennen und sammelt Erfahrungen, die ihn dazu befähigen, auch zweckgebundene, vom Wesen des Werkstoffs bestimmte Formen zu erfinden; vor allem wird er mit der Zeit ein Urteilsvermögen über die Formqualität von Erzeugnissen des Handwerks und der Industrie gewinnen.

Kassel, im August 1967

Ernst Röttger

Der Werkstoff Metall

In unserem technischen Zeitalter drängen die Kunststoffe immer stärker in den Vordergrund und ersetzen in zunehmendem Maße herkömmliche Materialien. Dennoch behaupten die metallischen Werkstoffe unangefochten ihre dominierende Rolle. Ohne sie wäre der hohe Stand technischer und industrieller Entwicklung nicht denkbar. Im Laufe einer jahrtausendelangen geschichtlichen Entwicklung hat das Metall als einer der ältesten Werkstoffe der Menschheit die Dingwelt unserer Kultur entscheidend geprägt. Um so verwunderlicher ist es, daß gerade dieser bedeutende und bildnerisch so ergiebige Werkstoff so wenig zu gestaltender Werkarbeit herangezogen wird. Steht hier die Meinung im Wege, zur Bearbeitung dieses harten Materials bedürfe es besonderer handwerklicher Einrichtungen mit Spezialwerkzeugen und Maschinen? Sicher, gerade die metallverarbeitende Industrie bedient sich der kompliziertesten Maschinen und hochentwickelter Produktionsverfahren. Aber dennoch läßt sich mit einer bescheidenen Grundausrüstung an Werkzeugen eine in ihrer Fülle kaum ausschöpfbare Anzahl bildnerisch interessanter Arbeiten durchführen.
Aufgabe dieses Buches soll es sein, den so spröden Werkstoff dem gestaltenden Zugriff zu erschließen und jeden Interessierten zu Gestaltsuche und Gestaltfindung zu ermutigen.
Aus der Vielzahl der Metallwerkstoffe wählen wir im Rahmen dieses Buches nur diejenigen aus, die für eine elementare Werkarbeit geeignet sind. Als Grundmaterialien bieten sich Draht, Blech und Gewebe an. Untersuchen wir kurz diese Werkstofformen auf ihre materialen Eigenschaften und die formalen Möglichkeiten.
Der Draht hat als bildnerisches Mittel den Charakter der plastischen Linie, die sich sowohl in der Fläche ordnen als auch frei in den Raum führen läßt. Er ist somit der ideale Werkstoff für raumplastische Gebilde mit linearem Charakter. Drähte gibt es in verschiedenen Härtegraden: weich, mittelhart, hart. Wir verwenden Drähte aus Stahl (Eisen), Kupfer, Messing und Aluminium, verzinkten, verkupferten und vermessingten Stahldraht in den Stärken von 0,2 - 4 mm.
Im spielerischen Umgang erkunden wir seine materialen Eigenschaften, erfahren Festigkeit, Sprödigkeit, Schmiedbarkeit, Biegsamkeit, Elastizität und nehmen von hier den Weg zu Gestaltaufgaben. Das gleiche gilt für Blech und Gewebe.

Das Blech hat im bildnerischen Sinne flächenhaften Charakter. Es läßt sich biegen, schneiden und verformen, wie wir es z. B. vom Treiben eines Gefäßes her kennen. Bleche werden durch Walzen hergestellt. Sie sind schon ab 0,2 mm Stärke erhältlich. Noch dünner gewalzte Bleche bezeichnet man als Folien. Wir verwenden in der Hauptsache Bleche aus Aluminium, Kupfer, Messing und Stahl (Eisen). Am bekanntesten sind Schwarzblech (Stahlblech) und Weißblech (verzinntes Blech). Dünne Bleche und besonders Folien bieten geringen Materialwiderstand. Sie können mit einfachsten Werkzeugen bearbeitet werden, so daß bereits das Kind an ihnen Grunderfahrungen mit Metall machen kann.

Drahtgewebe sind in ihrer Struktur dem textilen Gewebe verwandt. In bildnerischer Hinsicht haben sie Flächencharakter mit den besonderen Merkmalen von Transparenz und Leichtigkeit. Sie werden u. a. aus Messing-, Kupfer- und verzinktem Stahldraht angefertigt. Für unsere Arbeiten eignen sich Gewebe, die eine nicht zu große Maschenweite haben. Die bildnerischen Formmöglichkeiten reichen der Struktur des Gewebes entsprechend von den verschiedenen Variationsmöglichkeiten des Gewebes selbst (Verschieben der Maschen, Lochen, Ausfransen, Ausziehen von Drähten, Biegen, Schneiden, Falten) bis zu den zahlreichen Kombinationsmöglichkeiten mit Draht und Blech. Wie das Blech kann auch das Drahtgewebe flächenhafter Bildträger sein.

Nagel, Niet, Schraube haben als konstruktive Hilfsmittel im bildnerischen Sinne punkthaften Charakter. Zusammen mit Draht, Blech und Gewebe stehen damit für die Gestaltung die Bildelemente Punkt, Linie, Fläche und mit den verschiedenen Metallen auch die Farbe zur Verfügung.

Alle diese Werkstoffe sind leicht und billig zu beschaffen. Vergessen wir nicht die Blechschachteln, Dosen, Konservenbüchsen, Verpackungsdrähte . . ., die als sogenannte Abfallstoffe kostenloses Material hergeben, vor allem aber als Ausgangsformen und als vorgeformte Elemente für die verschiedensten Aufgaben — besonders im konstruktiven Bereich — bildnerisch äußerst wertvoll sind.

Wie die Werkstoffe haben wir auch die Werkverfahren bewußt auf einfache Techniken beschränkt. Zu der Werkzeugausstattung gehören als „komplizierteste" Geräte der Lötkolben und bei einigen wenigen Arbeiten das Hartlötgerät.

Die wesentlichsten technischen Hinweise über Werkstoffe, Werkzeuge und Werkverfahren sind am Ende des Buches kurz zusammengefaßt.

Erklärung der Zeichen

keine Bezeichnung	=	Arbeiten Studierender des Pädagogischen Fachinstituts Kassel
S	=	Arbeiten Studierender der Hochschule für Bildende Künste Kassel
L	=	Arbeiten aus Lehrgängen in der Lehrerbildung
J	=	Arbeit eines Jungen
M	=	Arbeit eines Mädchens

Die kleinen Ziffern geben das Lebensalter an.

Beiträge aus ihrem Unterricht lieferten zu diesem Band:

Eckhard Prange: 126, 127, 133, 135 - 143, 147 - 153, 202, 208, 209, 211 - 213, 251 - 255, 258 - 263. Helmut Wenderoth: 220, 221, 224 - 232, 265. Karl-Heinz Zapf: 196.

Das Formen mit Draht

BIEGEN

Draht ist das geeignete Material, um erste Grunderfahrungen mit dem Werkstoff Metall zu machen. Als körperhafte Linie drückt er Richtung und Bewegung aus. Beim Gestaltungsvorgang sind nicht nur die Augen beteiligt, sondern auch die Tastempfindungen der Hand. Die Finger, die einen Draht biegen, erfahren seine materialen Eigenschaften. Drähte können leicht und schwer, dick und dünn, zäh und spröde sein. Ihr unterschiedlicher Materialcharakter läßt schon bei einfachen Biegearbeiten eine Fülle von bildnerischen Ausdrucksmöglichkeiten zu.

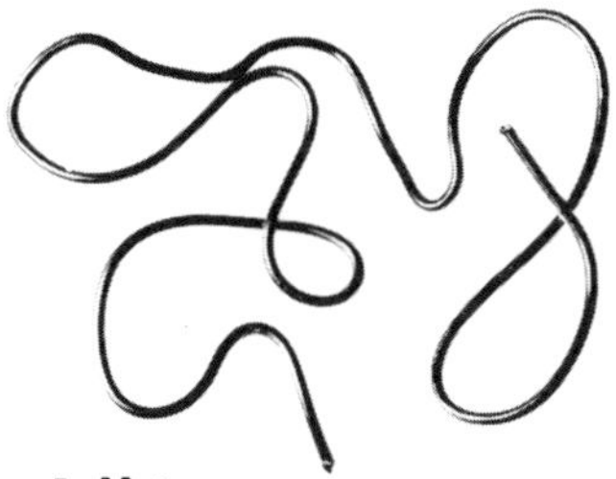

1 M6

2 M8

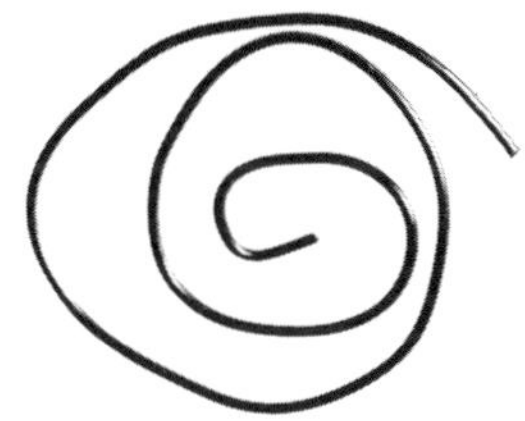

3 M7

4 M7

5 J7

6 M7

Die Abbildungen 1 - 6 zeigen einfache Drahtarbeiten von Kindern, die nur mit den Fingern gebogen sind. Das geeignete Material hierfür ist weicher Aluminiumdraht von 1 mm Stärke, dessen Materialwiderstand so gering ist, daß Kinderhände ihn gut formen können. Das probierende Spiel mit dem Werkstoff führt zu Formen, die der Kritzelstufe im Zeichnen entsprechen. Vom ungeordneten Biegen (1) führt der Weg über „Girlande“ (2), Spirale (3), Verknotung (4), Flächenform (5) bis zum Zeichen (6). In diesen spontanen Formen sind bereits schon keimhaft elementare Arbeitsverfahren, Ordnungsprinzipien und Inhalte erkennbar.

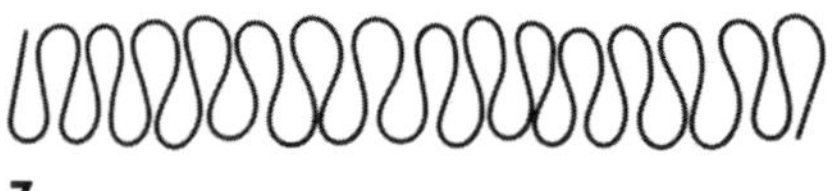

7

8

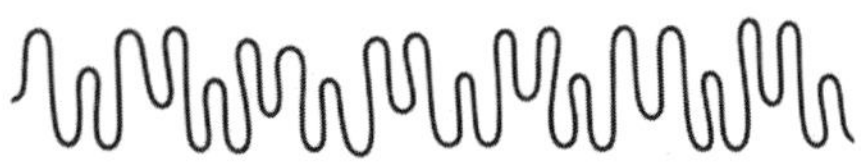

9

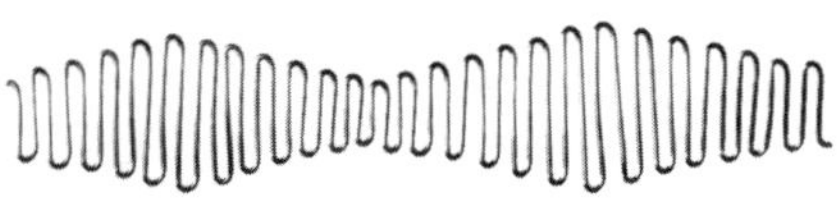

10 M 14

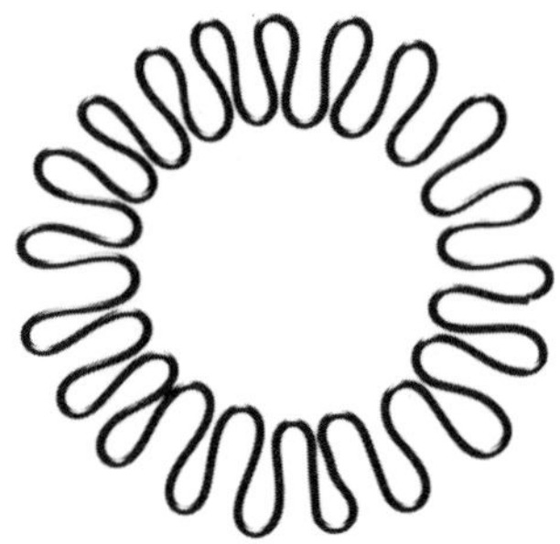

11 M 14

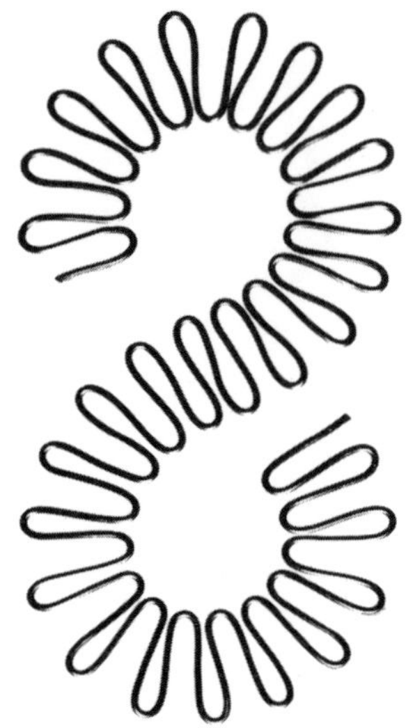

12 M 14

13 M 10

14 J 12

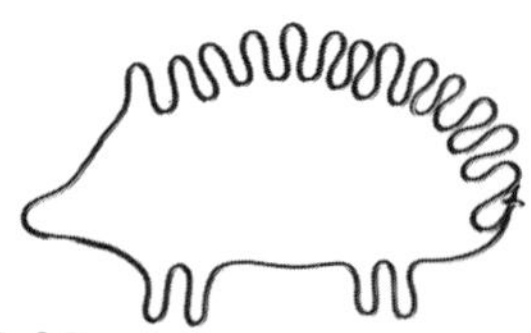

15 J 9

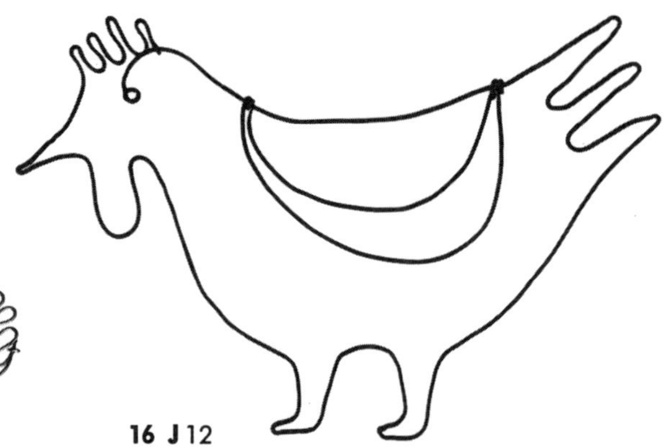

16 J 12

7 - 10, 17 - 34: Bei diesen Übungsreihen wurde der Biegevorgang durch vorher festgelegte Spielregeln gesteuert. Das Werkzeug, die Art der Linienführung (gebogen und eckig) und die Form (Bandcharakter) wurden vorbestimmt. Bei der Gliederung der Drahtbänder war auf eine gedachte horizontale Mittellinie oder auf entsprechende Parallelen als Bezugs- und Begrenzungslinien zu achten.

7: Einfaches Wellenband in der Reihung gleicher Formen. Es empfiehlt sich, diese Übungen zunächst ohne Werkzeug nur mit der Hand durchzuführen.

17 J 13

18 J 13

19

20

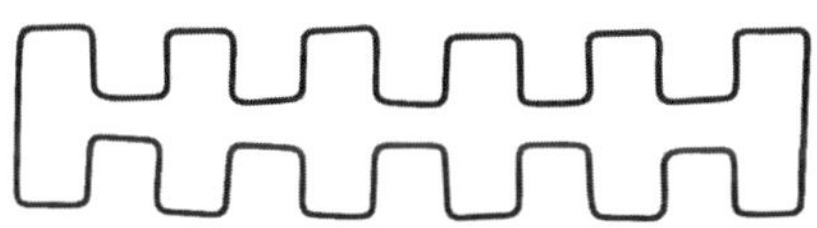
21 J 13

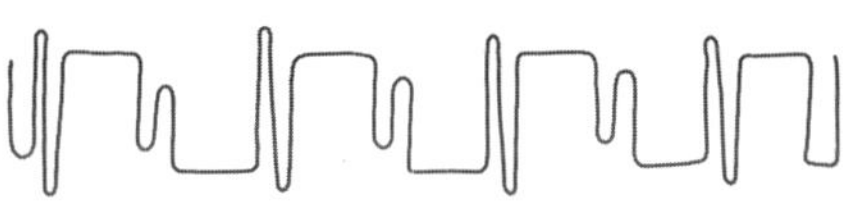
22

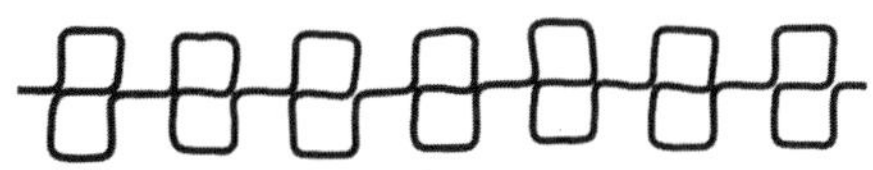
23

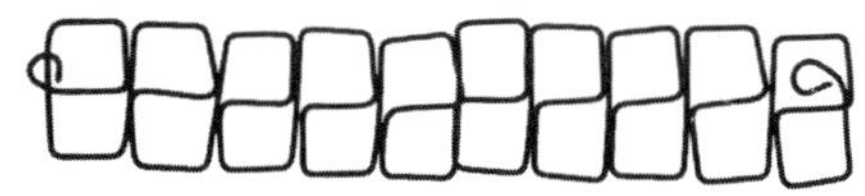
24

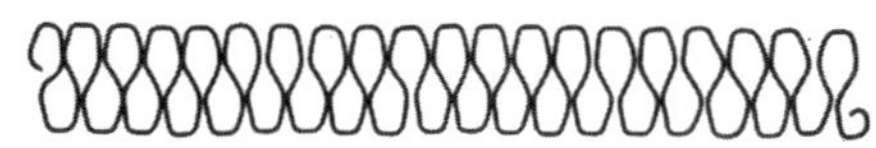
25

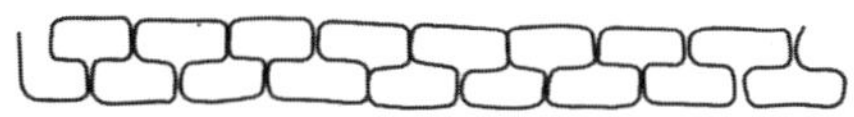
26

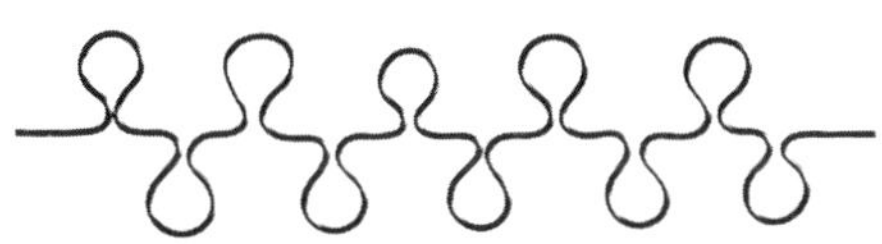
27 M 14

28

29 M 14

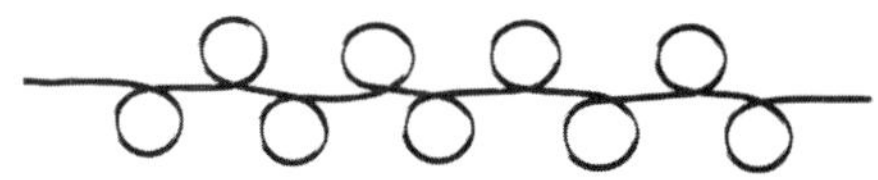
30 M 14

31

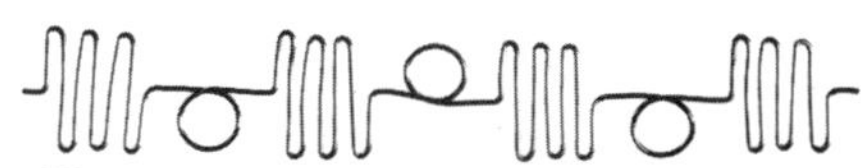
32

33

34

8 - 10: Variationen der Wellenlinie. Wechsel von großen und kleinen Formen. An- und abschwellendes Wellenband.

11, 12: Wellenförmige Drahtbänder wurden in der Fläche kurvig gebogen und bilden geschlossene und offene Formen.

14 - 16: Figürliche Drahtarbeiten von Kindern. Material: weicher Aluminiumdraht.

Der Charakter der Linienführung wird von dem benutzten Werkzeug mitbestimmt. Die Flachzange ermöglicht eckige Formen (17 - 21, 23 - 26), die Rundzange und der runde Holzstab eignen sich für weiche, gebogene Formen (27 - 34). Material: verzinkter Stahldraht, 1,2 mm, weicher Aluminiumdraht, 1 mm, Bindedraht, 0,6 mm.

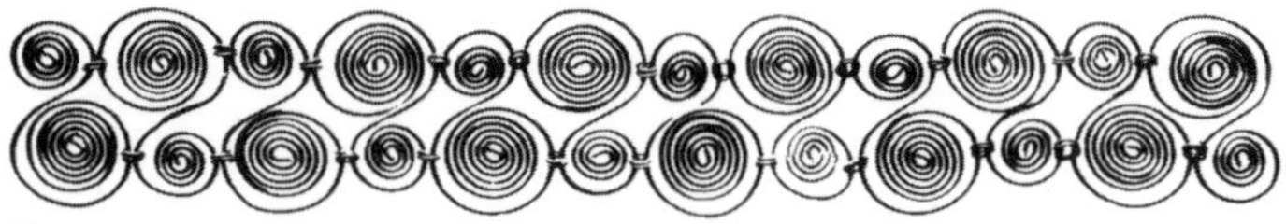

35

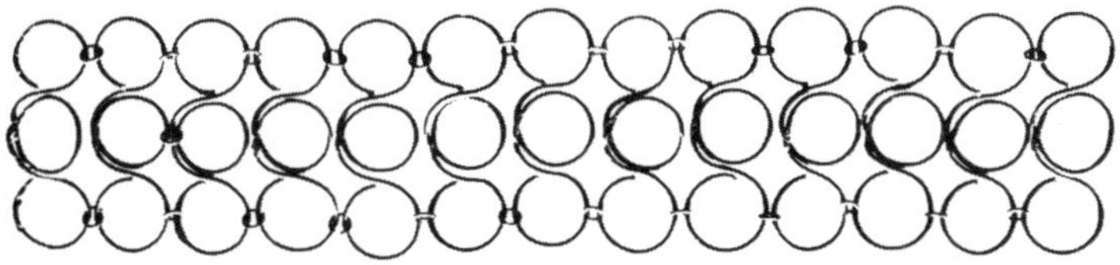

36

37

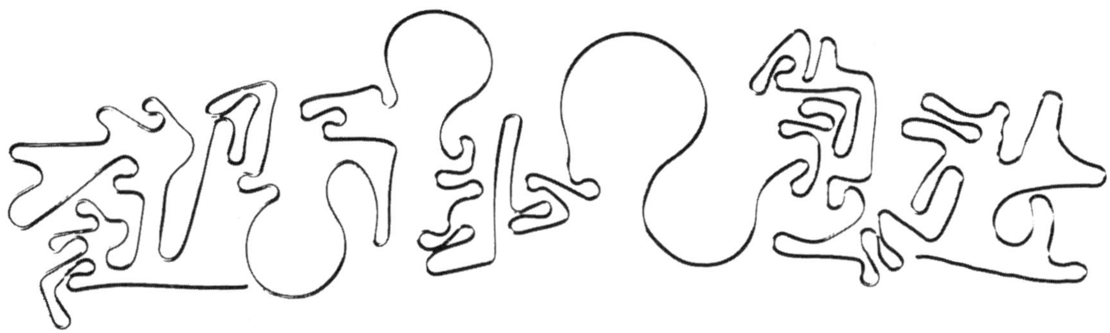

38 S

35: Eine typische Drahtform ist die Spirale. Bei dieser Übung wurde sie als Grundform verwendet und mit Drahtringen zu einem Ornamentband verbunden.

36, 37: Strenge Reihung gleicher Formen. Bei den Kreisformen wurden Holzrundstäbe zum Biegen benutzt, bei den winkligen Formen diente die Flachzange als Werkzeug.

38: Eine Arbeit mit stark rhythmischem Ausdruck.

39, 40: Vorübungen für Drahtschmuck.

41, 42: Strenge Reihung und lockere Gliederung von Drahtspiralen, z. T. gehämmert. Material: weicher Aluminiumdraht. Werkzeug: Rundzange.

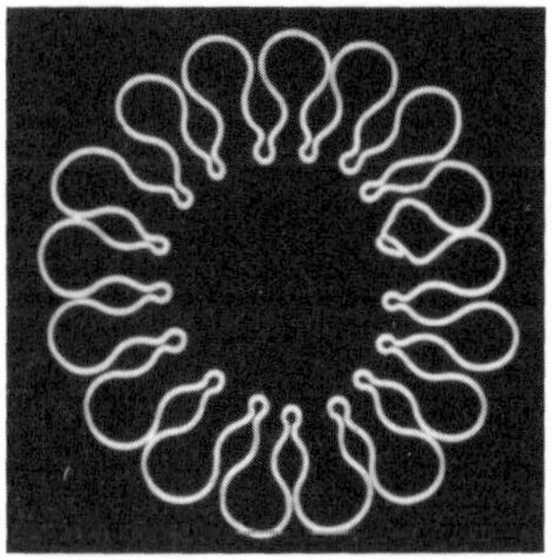

39

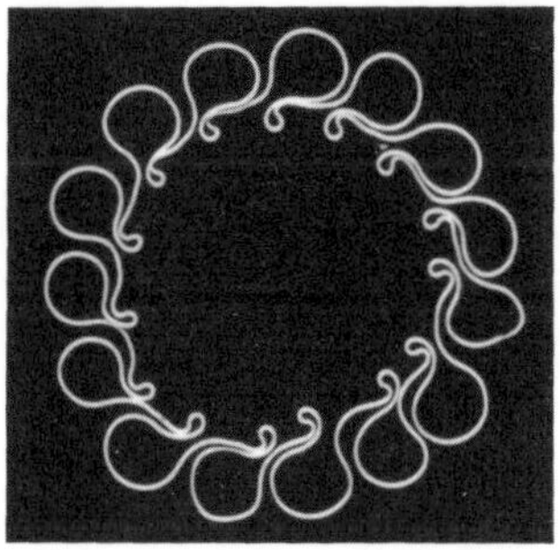

40

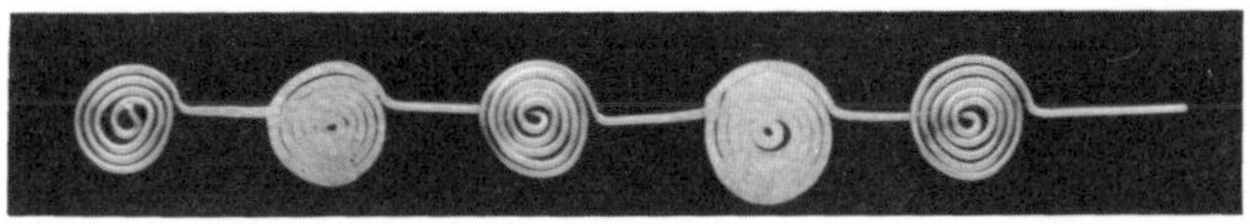

41

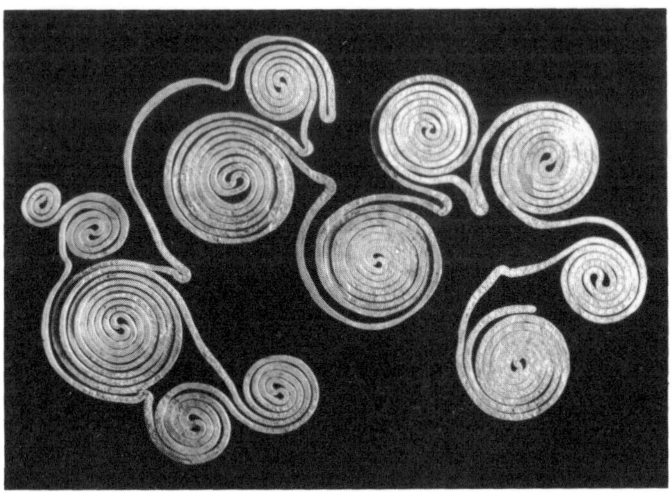

42 S

43 S

43: Reiche Flächengliederung durch horizontal untereinander angeordnete Drahtbänder. Die Bänder wurden durch Ösen miteinander verbunden. Material: Aluminiumdraht, 1 mm stark.

44

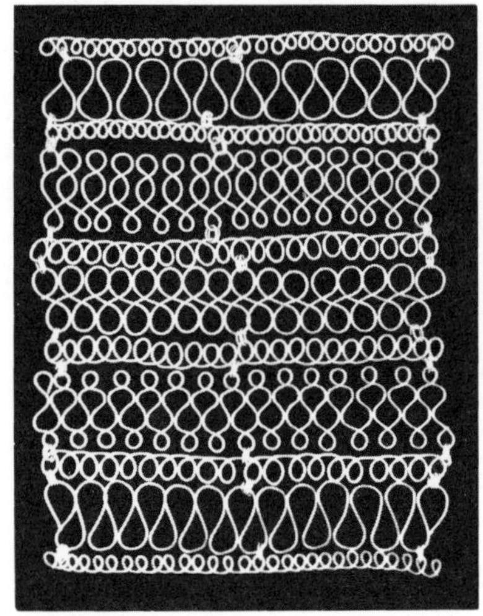

45

46 S

Drahtbänder, durch Ösen beweglich verbunden und untereinander aufgehängt, ergeben Gehänge.

44, 45: Variationen der Wellenlinie im Wechsel von schmalen und breiten Wellenbändern, z. T. mit Überschneidung. Material: Aluminiumdraht und verzinkter Stahldraht.

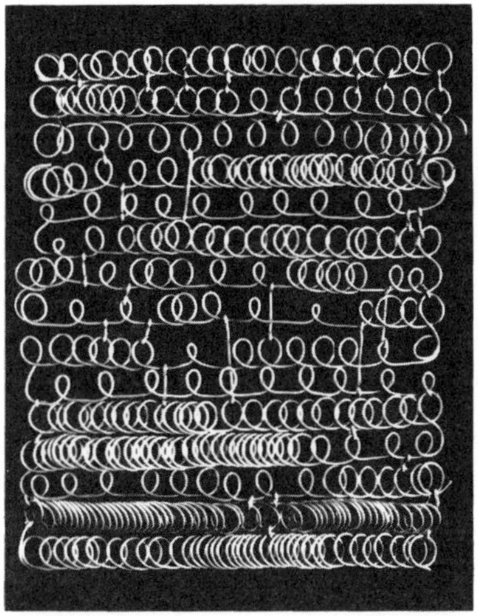

47 S

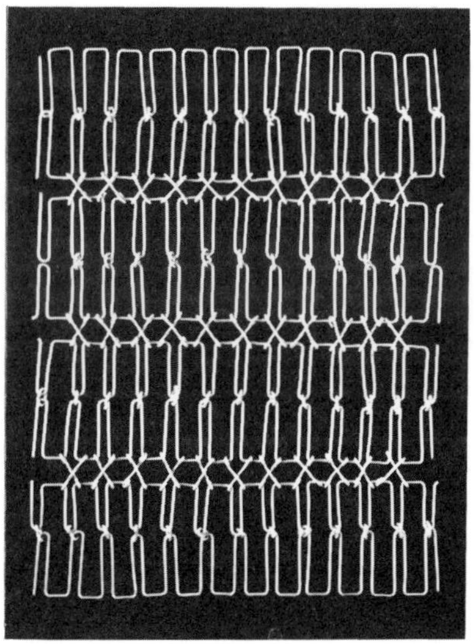

48 S

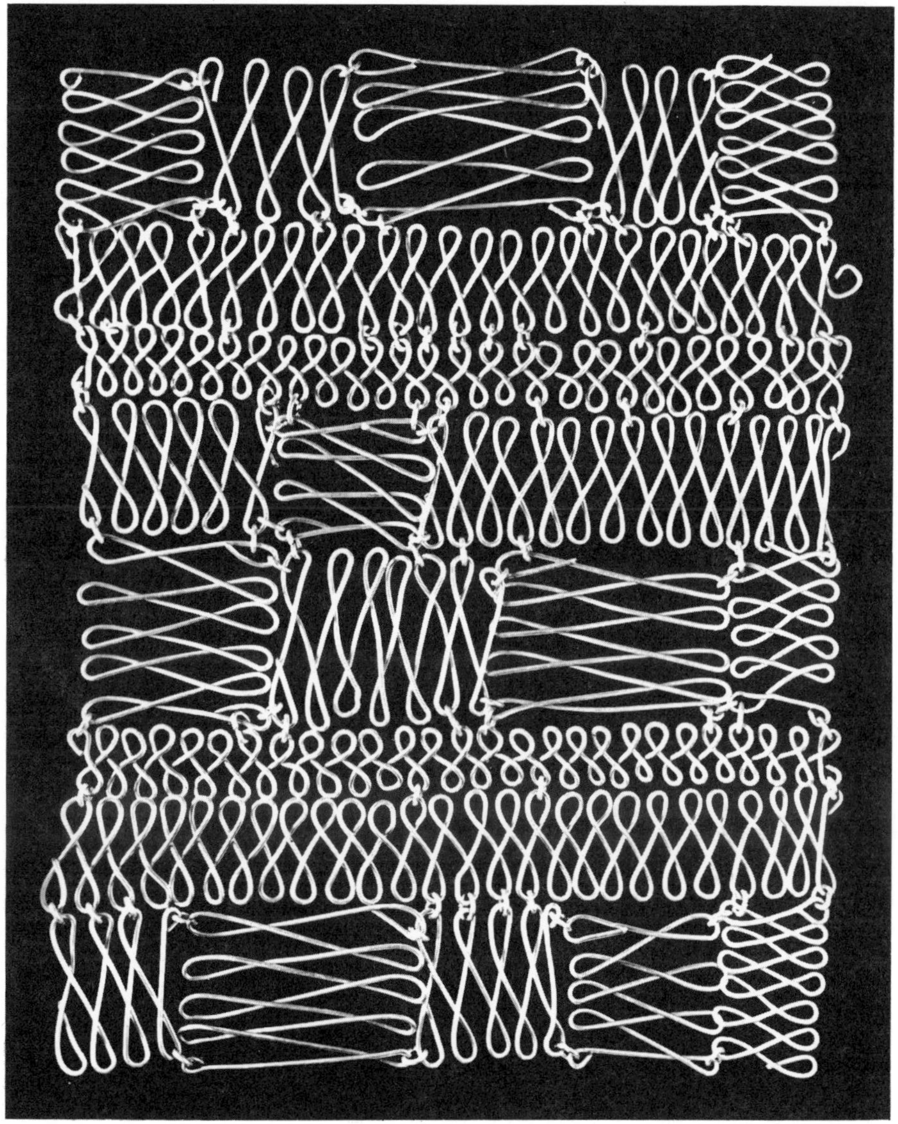

49 S

46, 48: Gliederung einer Fläche mit winkligen Drahtformen. Freie und strenge Ordnung.

47: Aneinandergereihte Drahtbänder aus der Spiralfeder mit Verdichtung und Überschneidung.

49: Gehänge aus vertikal und horizontal zusammengefügten Formgruppen.

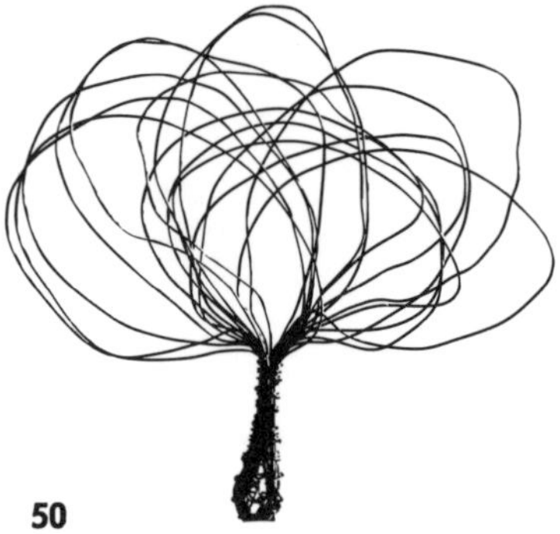

50

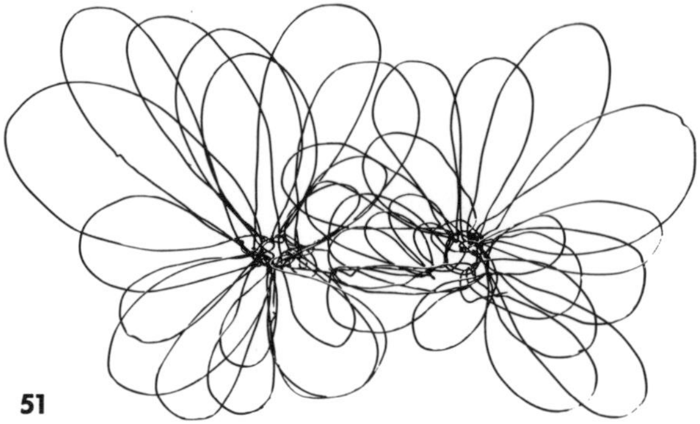

51

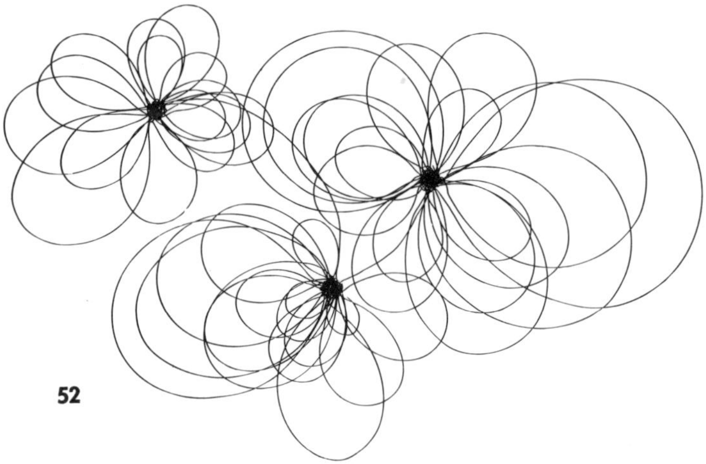

52

53

54

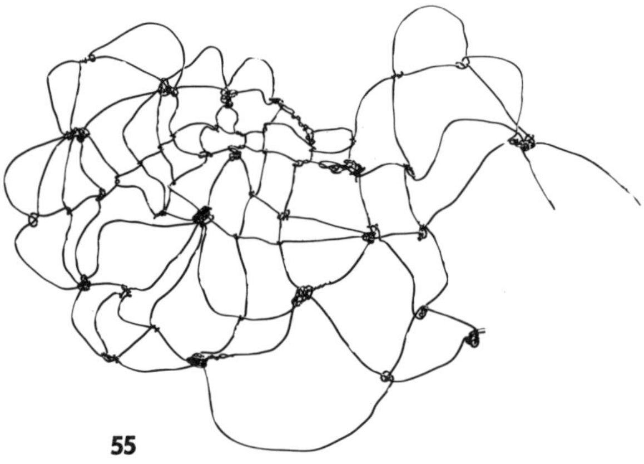

55

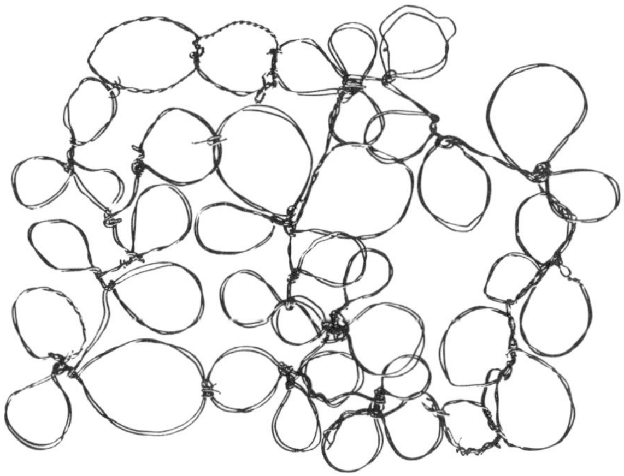

56

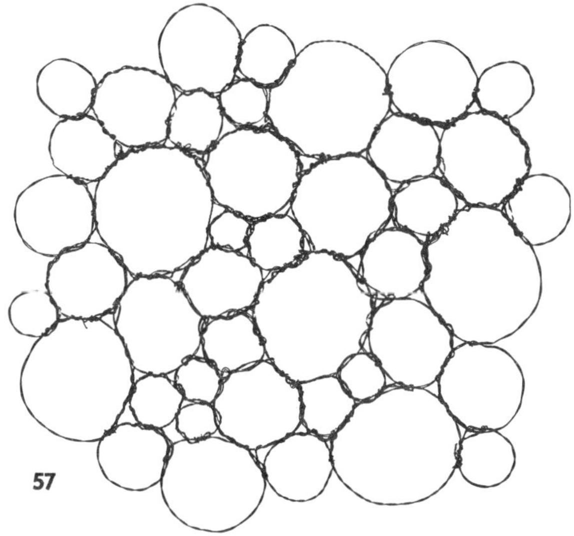

57

VERKNÜPFEN UND FLECHTEN

Die Vorgänge des Verknüpfens und Flechtens von Draht gehören zu den elementaren Drahtverbindungen. Die Übungen wurden ohne Werkzeug, nur mit den Händen durchgeführt. Als Material diente dünner Kupferdraht in der Stärke von 0,3 mm, in weicher und halbharter Qualität.

50 - 52: „Drahtlinien" werden von einem oder mehreren Punkten aus gestartet und kehren an ihren Ausgangsort zurück, wo sie verknüpft und verflochten werden. Halbharte Drähte bilden durch ihre Elastizität gespannte Formen (52).

53 - 56: Zwei Drähte werden miteinander verdreht oder verkordelt und dienen als Ausgangsmaterial für Flächenbildungen mit Rundformen, die aneinander geflochten werden.

55: Netzartiges Gebilde mit Knotenpunkten in lockerer Anordnung. Weiches Material.

57: Zellenbildung durch kreisförmige Maschen im Wechsel von groß und klein.

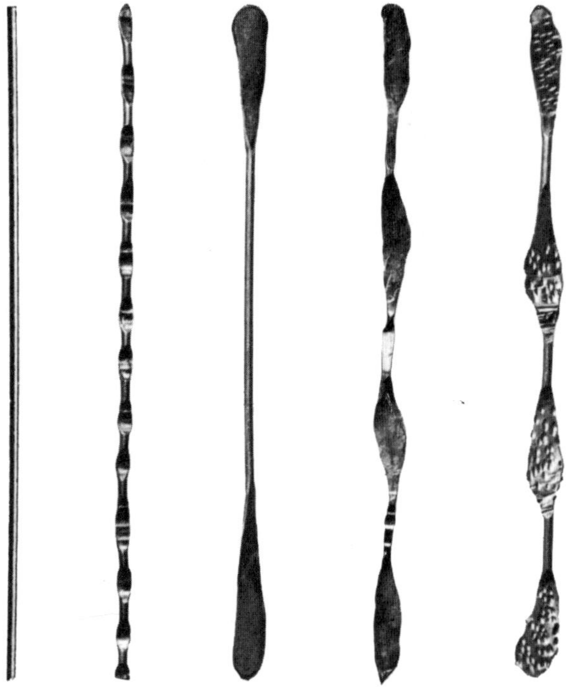

58 J 8 59 M 8 60 J 8 61 J 9

62 J 7

63 M 7

64 J 9

HÄMMERN VON DRAHT

Weicher Draht läßt sich durch Hämmern auf einer Stahlunterlage verformen. Unter dem Druck des Hammerschlags weichen die Werkstoffteilchen seitlich aus. Die verdichteten Stellen werden fester und spröder. Die Abb. 71 und 72 zeigen den Grad der Schmiedbarkeit eines weichen Aluminiumdrahtes bis zum „Ausfransen".

58 - 64: „Schmiedearbeiten" von Kindern. Als Werkzeuge wurden hierbei die flache Hammerbahn und die Finne des Hammers benutzt. Einfache Reihungen mit gehämmerten und ungehämmerten Formelementen.

65 - 72: Formspiele mit „kaltgeschmiedetem" Aluminiumdraht. Als zusätzliche Werkzeuge und Hilfsmittel wurden flachgefeilte Nägel, Durchschläge und Flachzangen benutzt. Drahtstärke: 1,5 - 2,5 mm.

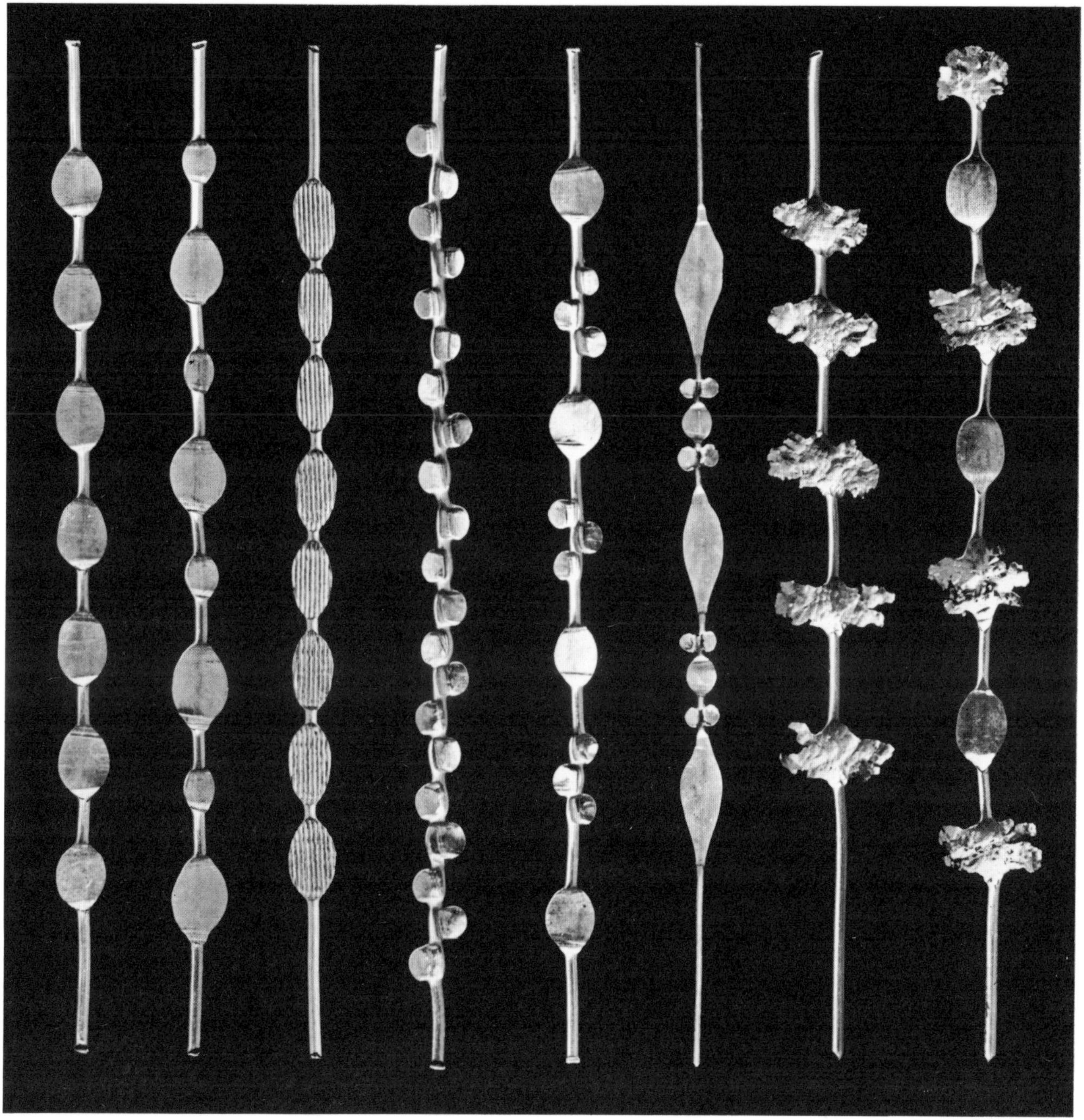

65 66 67 68 69 70 71 72

73

74

75

76

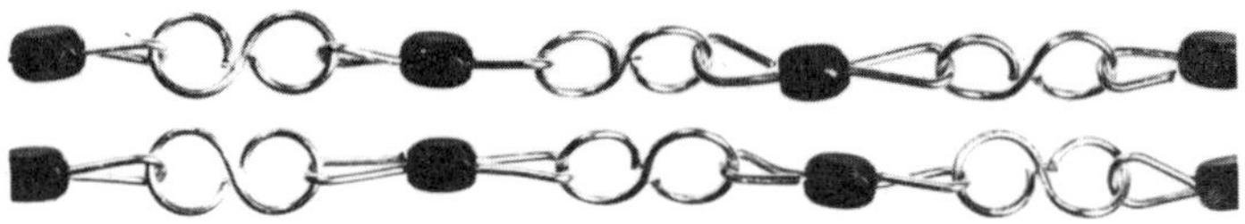

77

78

79

DRAHTSCHMUCK

Die Herstellung von Ketten beruht auf der Aneinanderreihung von Gliedern, die beweglich miteinander verbunden werden. Die Glieder sollten eine klare Form haben und in ihrer Größe mit der Drahtstärke korrespondieren. Ketten in der hier gezeigten Form lassen sich leicht herstellen, da sie nicht gelötet zu werden brauchen. Als Werkzeug benötigt man eine kleine Rundzange, eine Flachzange und einen Seitenschneider. Um runde Kettenglieder herzustellen, wickelt man den Draht auf Rundhölzer oder Metallstäbe. Von der entstandenen Spiralfeder werden ein- oder mehrfache Ringe abgetrennt und als Grundelemente verwendet (Abb. 73 - 77, 81). Andere Gliederformen können mit der Rund- und Flachzange oder mit der Biegeschablone (78 - 80, 82 - 84) hergestellt werden.

80

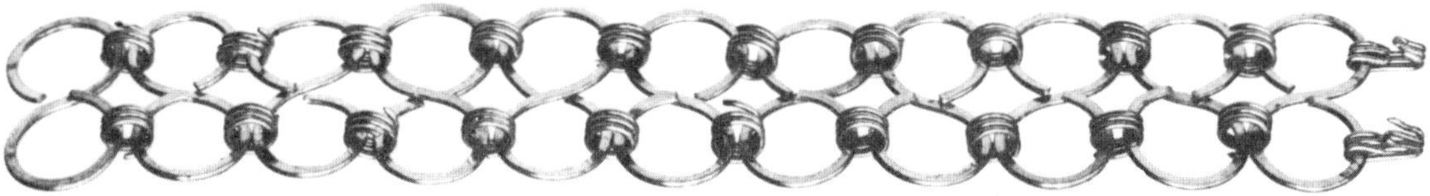

81

82

83 S

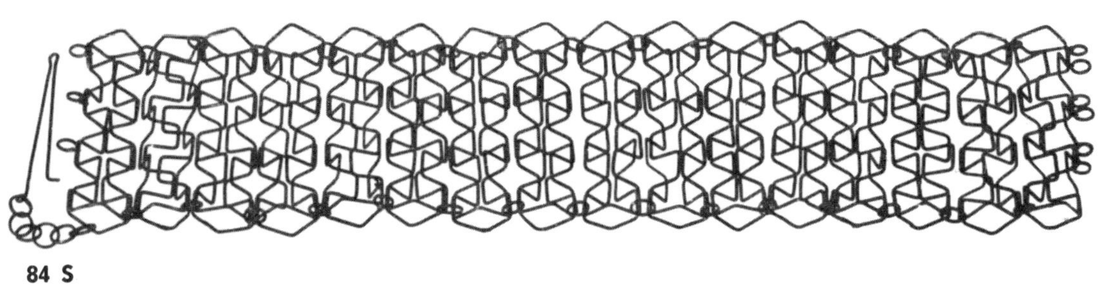

84 S

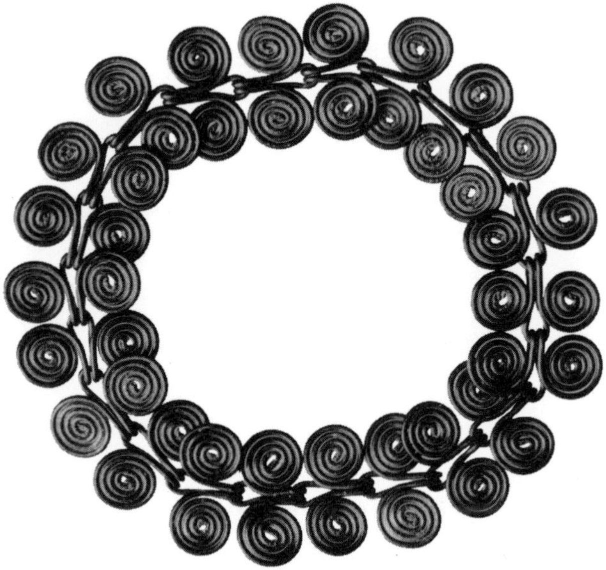

85

86

87

Als Vorübungen für Drahtschmuck sind die Biegearbeiten, die auf Seite 10 - 15 gezeigt wurden, sehr wichtig. Sie entwickeln die Sensibilität für das Material und regen die Formphantasie an. Hier werden einige neue Möglichkeiten gezeigt, Schmuckformen aus Draht herzustellen.

88: Das Armband wurde mit Hilfe einer Biegeschablone geflochten. Die Biegeschablone besteht aus einem Brett, in das in kurzen, gleichmäßigen Abständen kreisförmig eine ungerade Zahl von Nägeln eingeschlagen ist. Die Köpfe der Nägel werden abgetrennt. Die Nägel werden mit einem dünnen Draht (ca. 0,4 mm) wechselnd umwunden, so daß eine Flechtstruktur wie bei einer Korbwand entsteht. Nach dem Abziehen wird durch die Löcher, in denen die Nägel steckten, ein Draht gezogen.

91, 92: Dünne Drähte in der Stärke eines Fadens können gehäkelt werden. Bei 91 wurden zusätzlich Perlen in die lockere Struktur mit eingeflochten. Material: Kupferdraht, 0,2 mm stark, weiche Qualität.

88

89

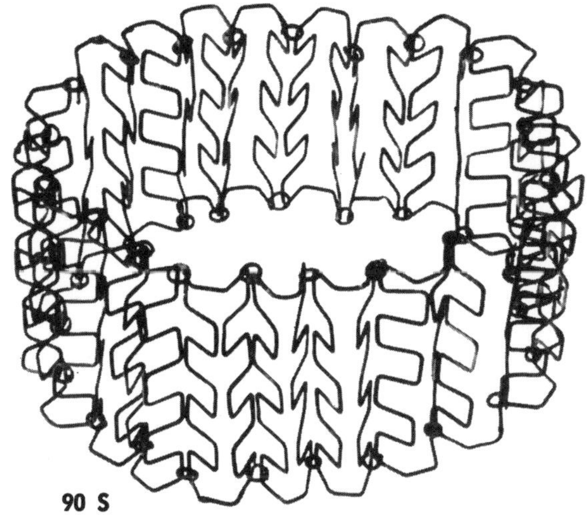
90 S

91 M 14

92

93

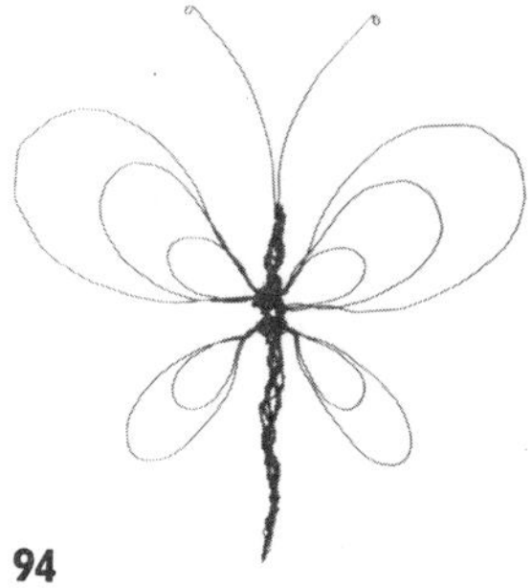

94

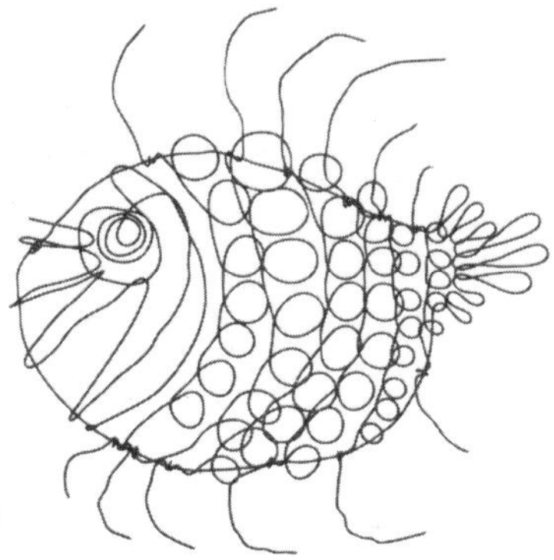

95

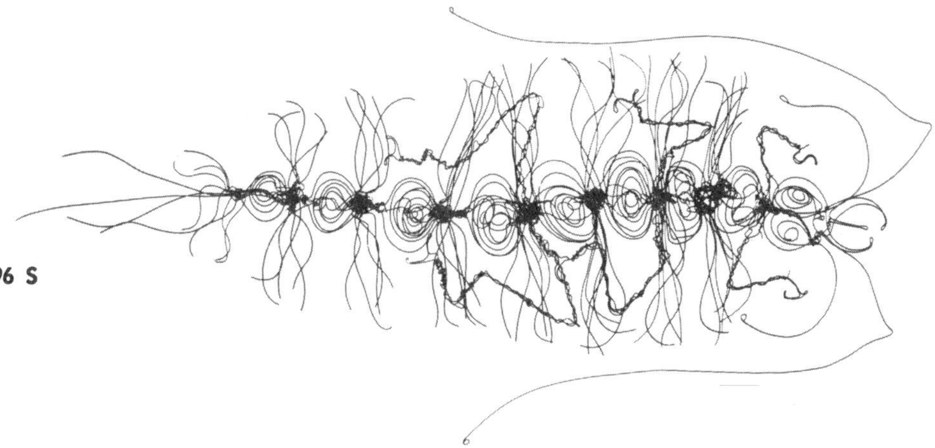

96 S

FIGÜRLICHES GESTALTEN

Der lineare Charakter des Drahtes ermöglicht „Drahtgraphik". Bei diesen Beispielen drückt er seiner Eigenart gemäß Bewegung und Richtung aus, umschreibt Flächen und bildet Strukturen. Die Verbindung erfolgt durch Verknüpfen, Umwickeln und Verflechten. Material: ausgeglühter Stahldraht (Bindedraht) und verzinkter Stahldraht, 0,6 mm.

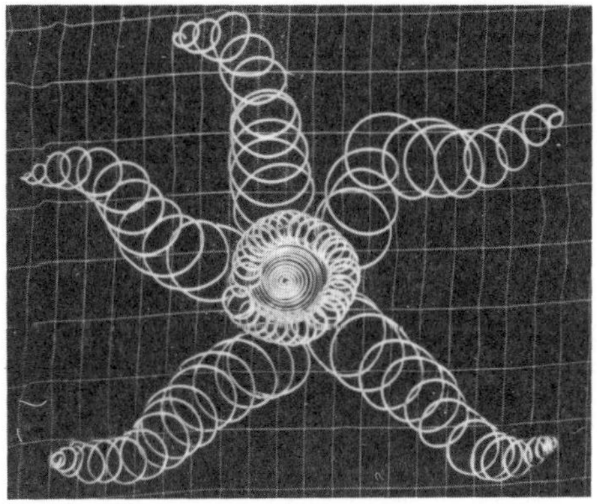

97

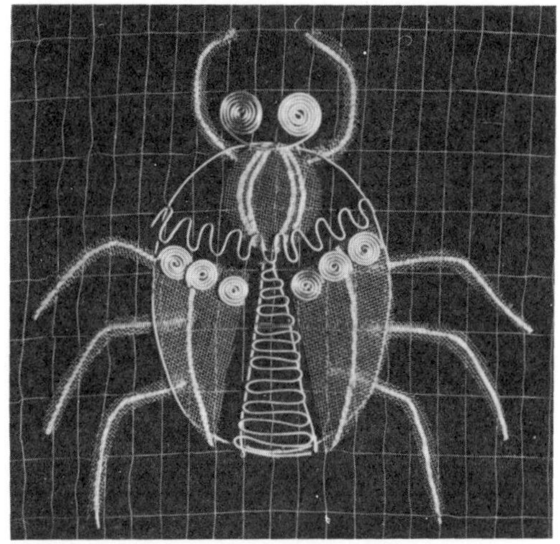

98

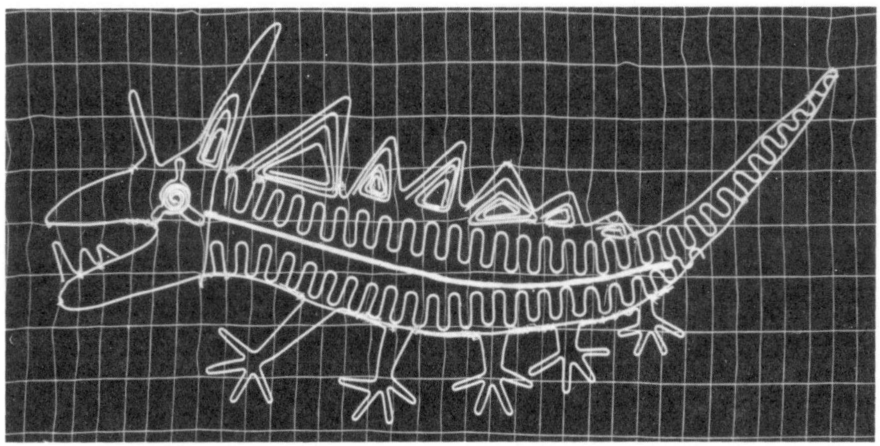

99

97 - 99: Tierformen aus weichem Aluminiumdraht, die auf einem Grund aus Drahtgewebe mit dünnem Draht befestigt wurden. Der Seestern besteht nur aus der Grundform der Spirale und ihren Abwandlungen.

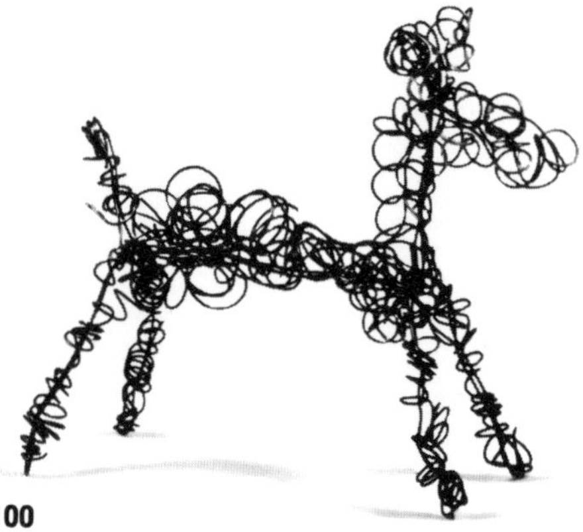

100

101

102

100, 101: Bei diesen Drahttieren aus weichem Bindedraht wurde zuerst ein skelettartiges Gerüst geformt. Die gekräuselten, lockeren Körperformen entstanden aus Spiralfedern.

102: Ein wurmähnliches Tier, das ganz aus den Formungsmöglichkeiten des Drahtes entwickelt wurde. Der elastische Körper federt beim Auseinanderziehen wieder zurück.

103 - 106: Das „Insekt" als Thema ist besonders gut für figürliche Drahtarbeiten geeignet, weil sein feingliedriger Körperbau den bildnerischen Möglichkeiten des Materials entgegenkommt.

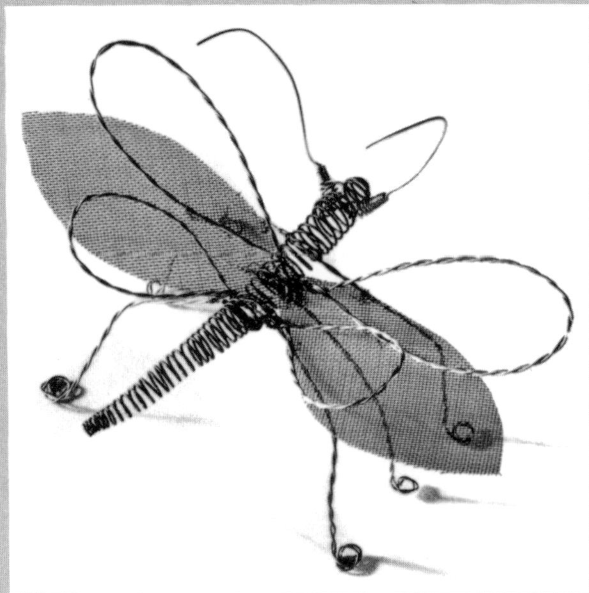

103

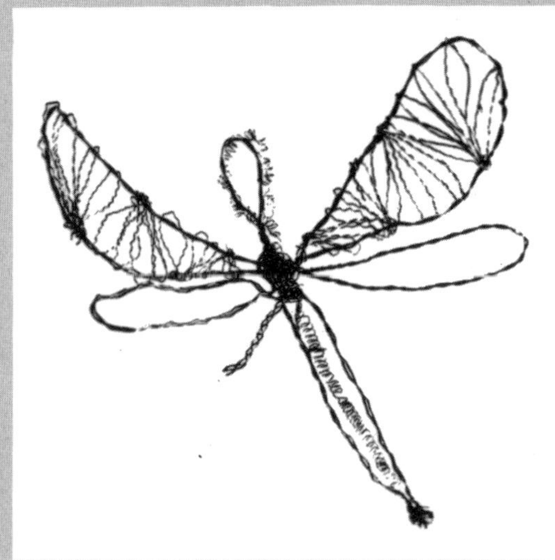

104

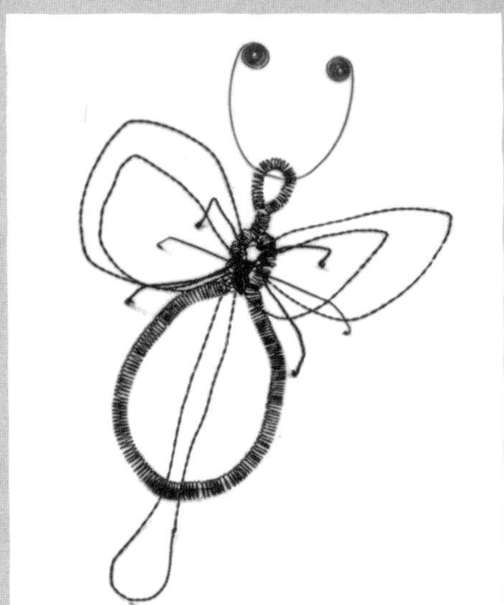

105

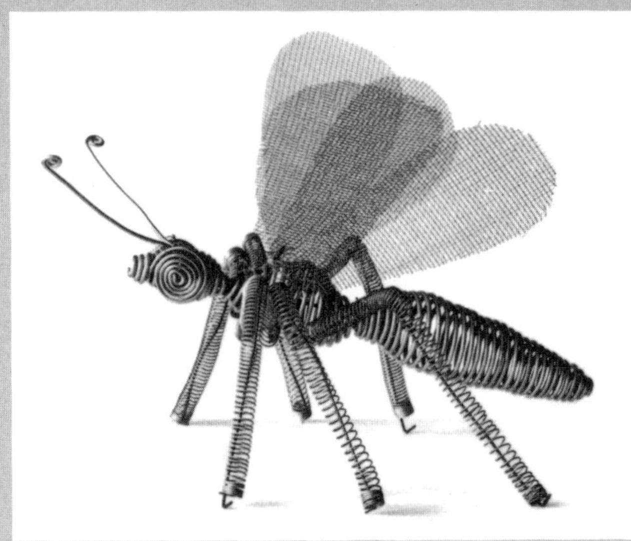

106

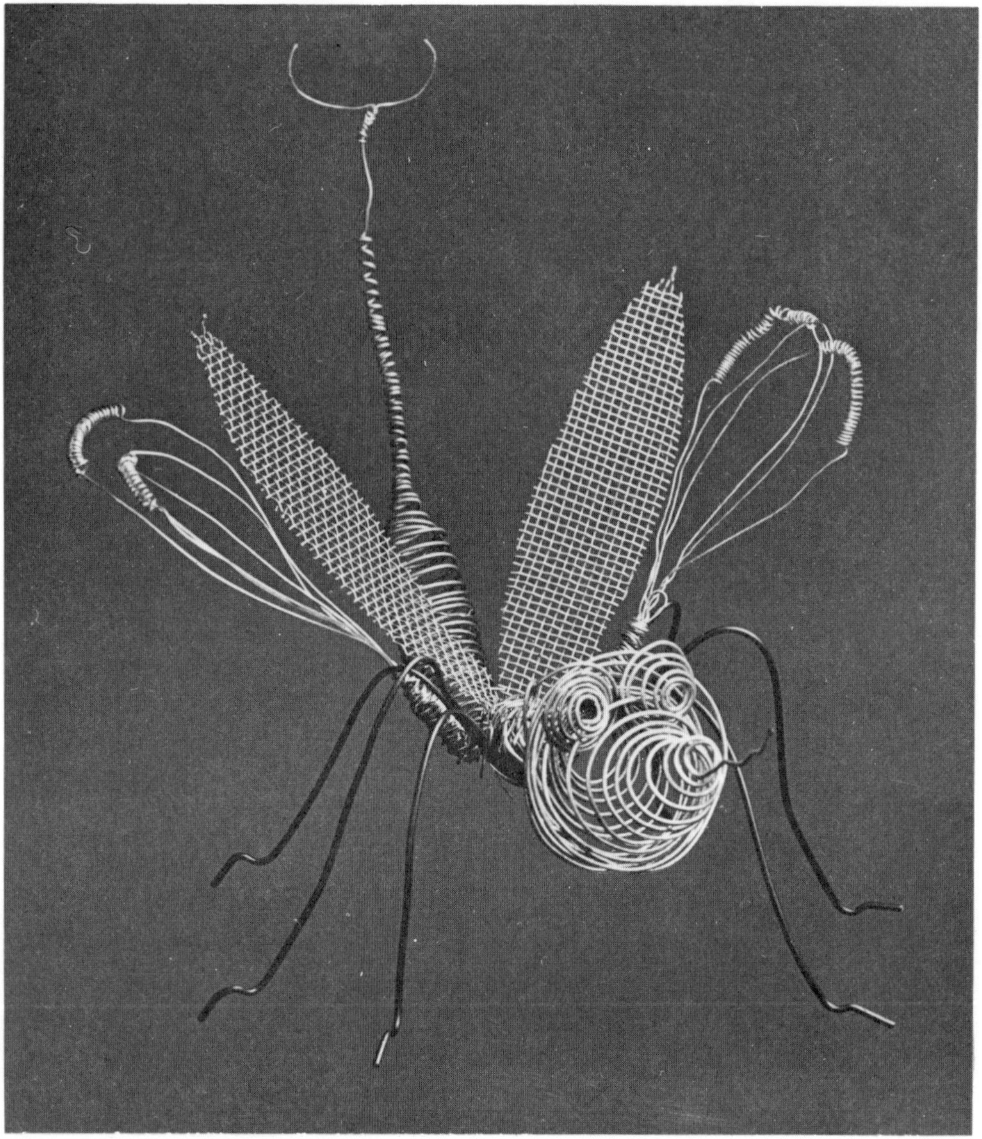

107

107: „Angriffslustiges Insekt"

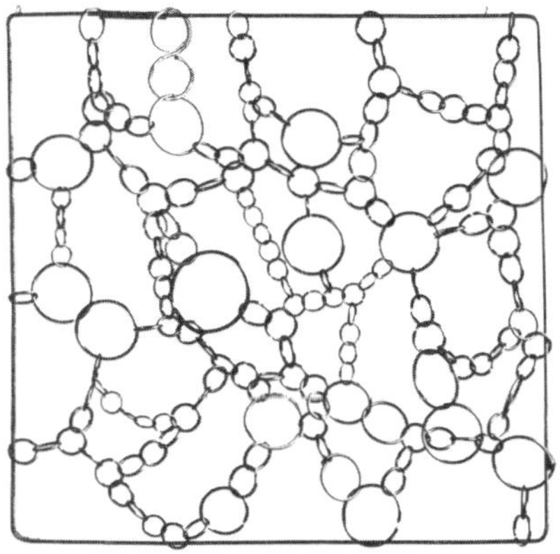

108

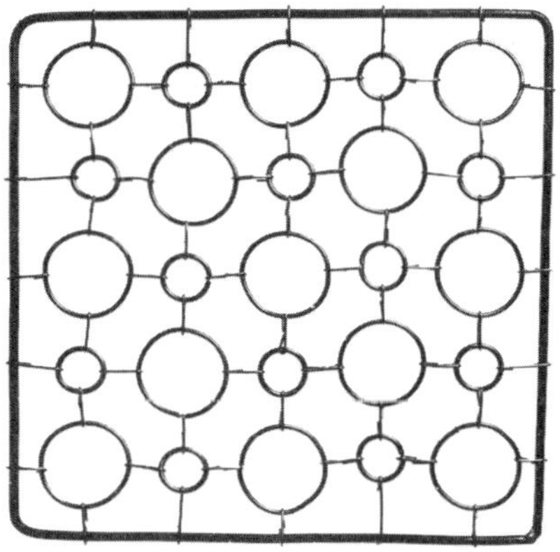

109 J 13

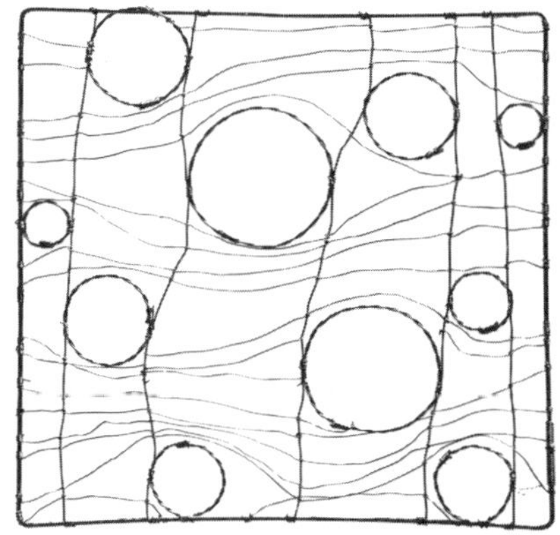

110

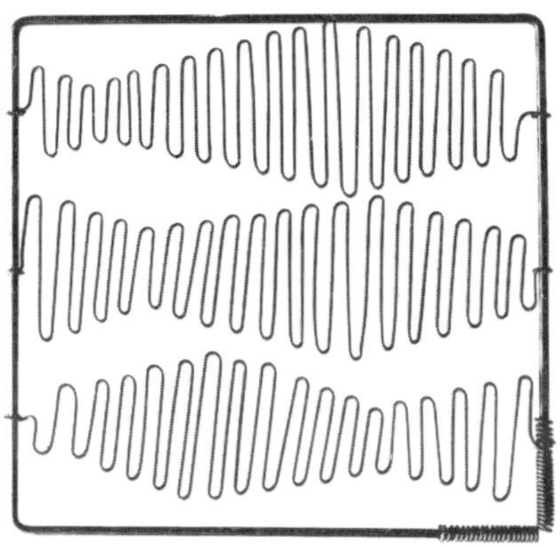

111

112

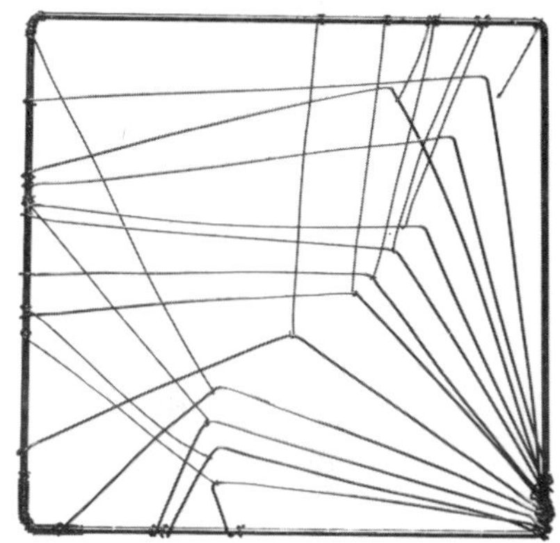

113 S

VERGITTERUNG

Bei diesen Übungen sollte eine Fläche, die durch einen Drahtrahmen umgrenzt ist, vergittert werden. Wir kennen das Gitter als Mittel der Sicherung und Abgrenzung von Räumen. Vergangene Zeiten schufen kunstvoll geschmiedete Türen, Tore und Gitter. Heute werden diese Formen allgemein maschinell hergestellt.

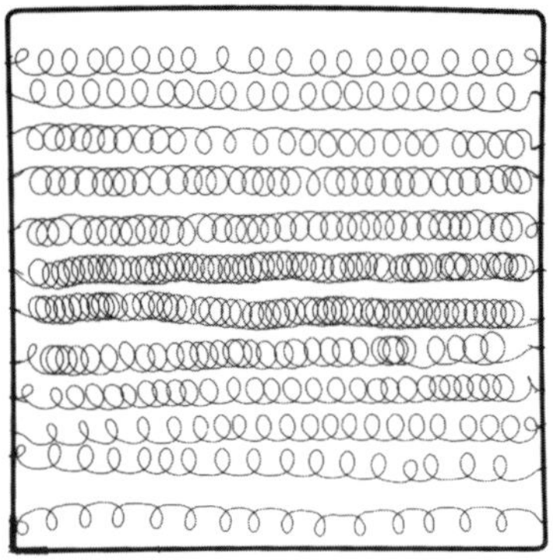

114 S

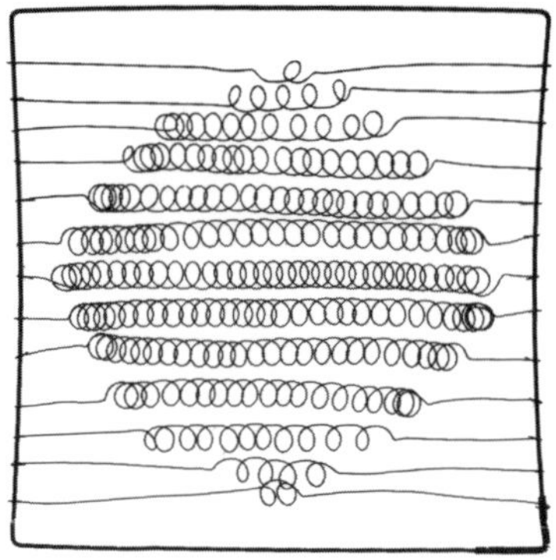

115 S

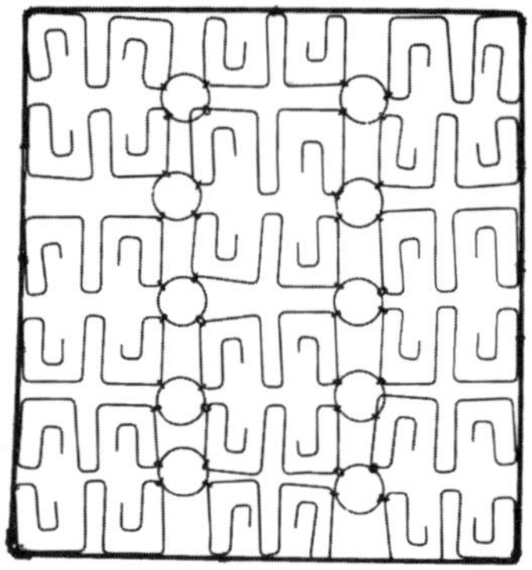

116 S

Die Abb. 108 - 122 zeigen Vergitterungen, die ohne Löten durchgeführt wurden. Als Ausgangsformen sind hier quadratische und rechteckige Flächen gewählt, die durch einen Rahmen aus Draht gebildet werden. Der Rahmen wird aus einem stärkeren Draht rechtwinklig gebogen und an seinen Enden mit einer Spiralfeder aus dünnem Draht verbunden, s. Abb. 111. Als Material für den Rahmen eignen sich am besten Drähte, die es als Schweißdrähte oder verzinkte Drähte in Stangenform gibt (ca. 2 - 3 mm stark).

Der Gestaltungsvorgang wird durch vorher festgelegte Spielregeln gesteuert. Das bildnerische Grundelement ist die plastische Linie, die eine große Anzahl von Variationsmöglichkeiten bietet; sie kann gerade, gebogen, gewellt, gebrochen, unregelmäßig verlaufend und in sich verschlungen sein, sie kann sich zum Ring (108) und zur Spirale (119) schließen, sie kann sich durch Hämmern verdicken und verdünnen (118, 121).

108, 109: Der Ring als Formelement, einmal als lockeres Kettennetz (108) und als strenge Reihung (109). Bei 110 werden Kreisformen in die netzartige Linienführung einbezogen.

111, 113: Gliederung der Fläche durch gewellte, winklig gebogene und verspannte Drähte.

114, 115: Linienspiele mit der aufgewickelten Spiralfeder.

116: Reihung im Wechsel von einem Kontrastpaar (runde Form — eckige Form).

117 S

117: Zweistimmige Linienkomposition mit Variation der Grundformen.

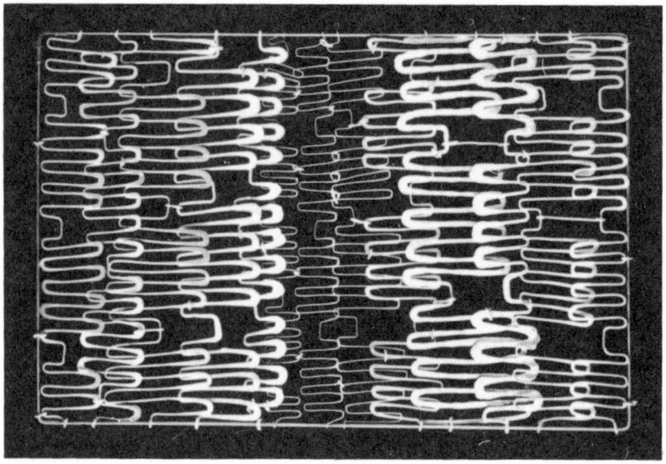
118 S

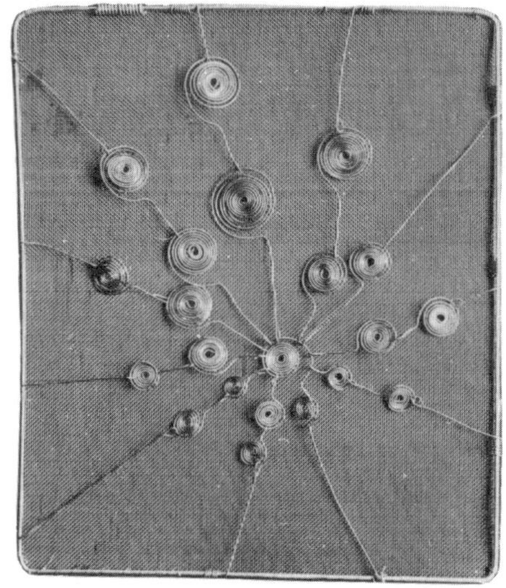
119

120

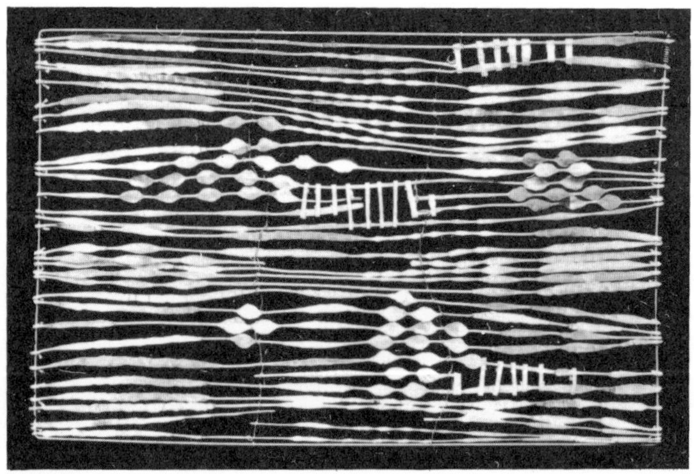
121 S

118, 121: Linienordnungen mit der an- und abschwellenden Linie. Die wechselnde Stärke des Drahtes wird durch Hämmern erreicht. Material: weicher Aluminiumdraht, 1,2 mm stark.

119, 120: Flächengliederungen mit Spiralformen. Als Grund wurde feines Drahtgewebe verwendet.

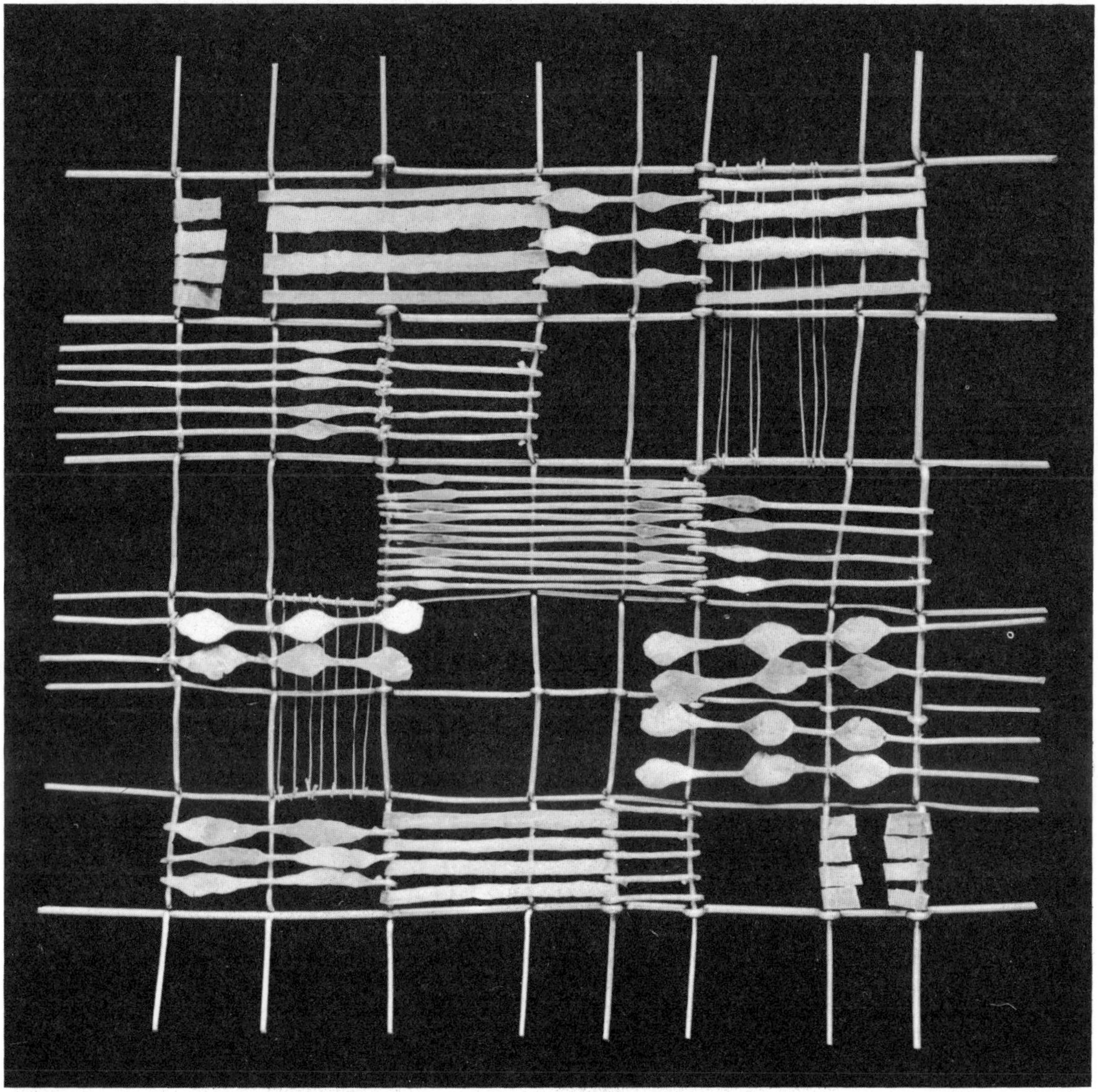

122 S

122: Vergitterung durch senkrechte und waagerechte Drähte. Kontrast zwischen strukturierten und unstrukturierten Flächen. Material: gehämmerter und ungehämmerter Aluminiumdraht.

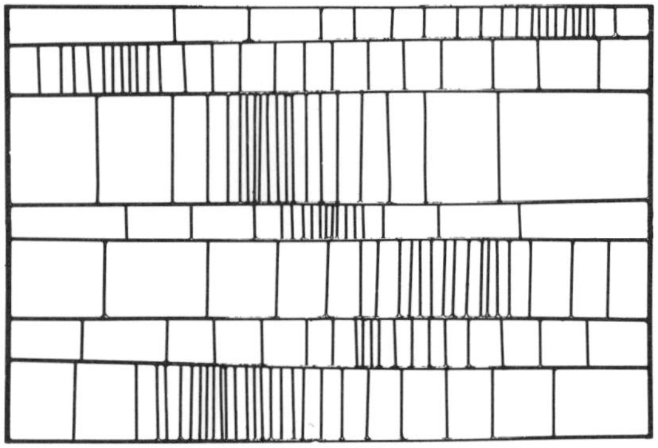

123

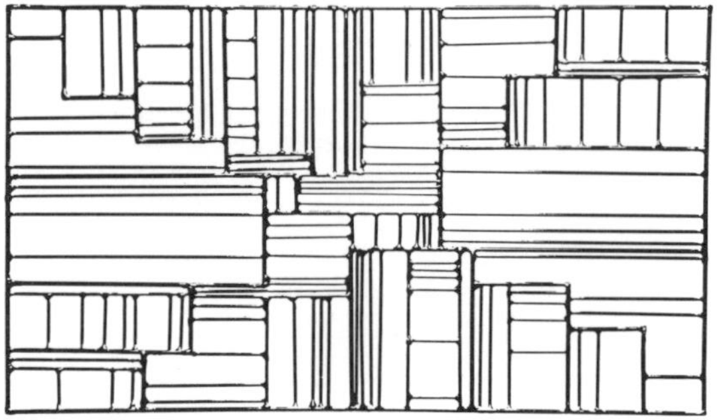

124

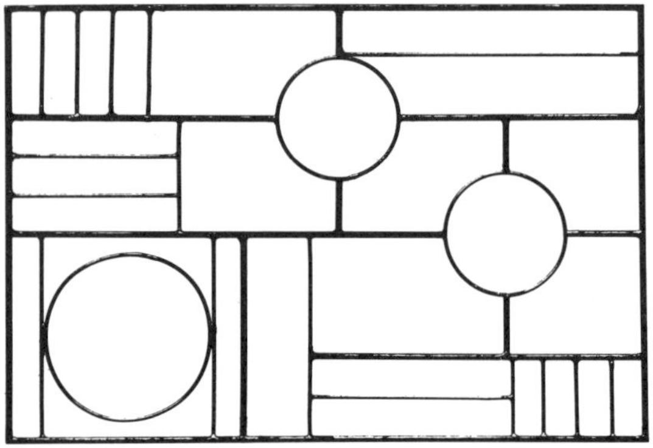

125

126 J 14

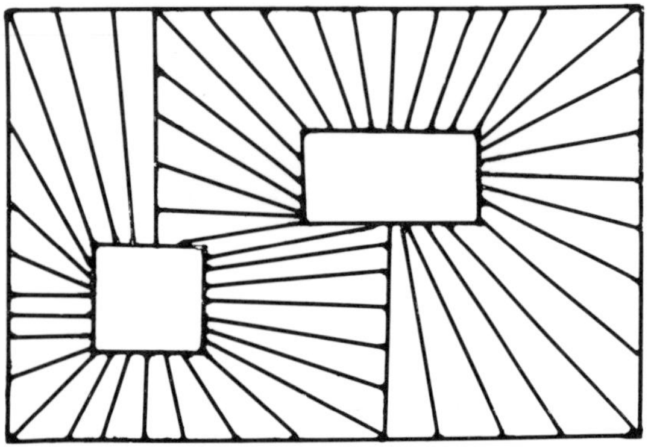

127 J 13

128

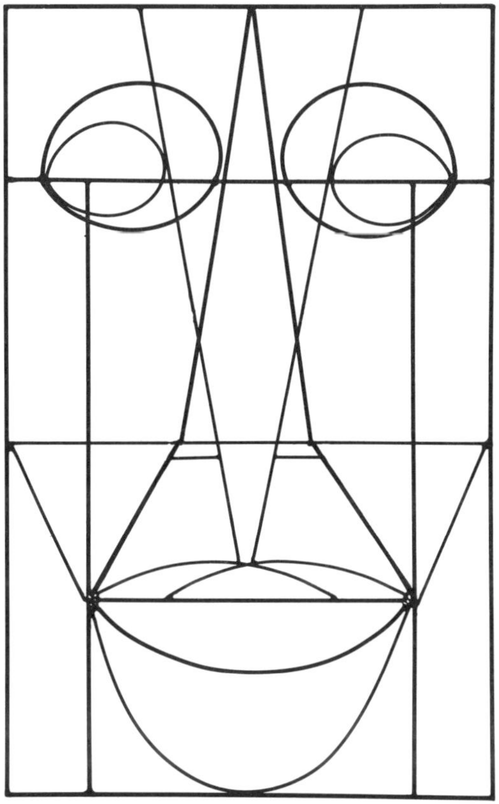

129

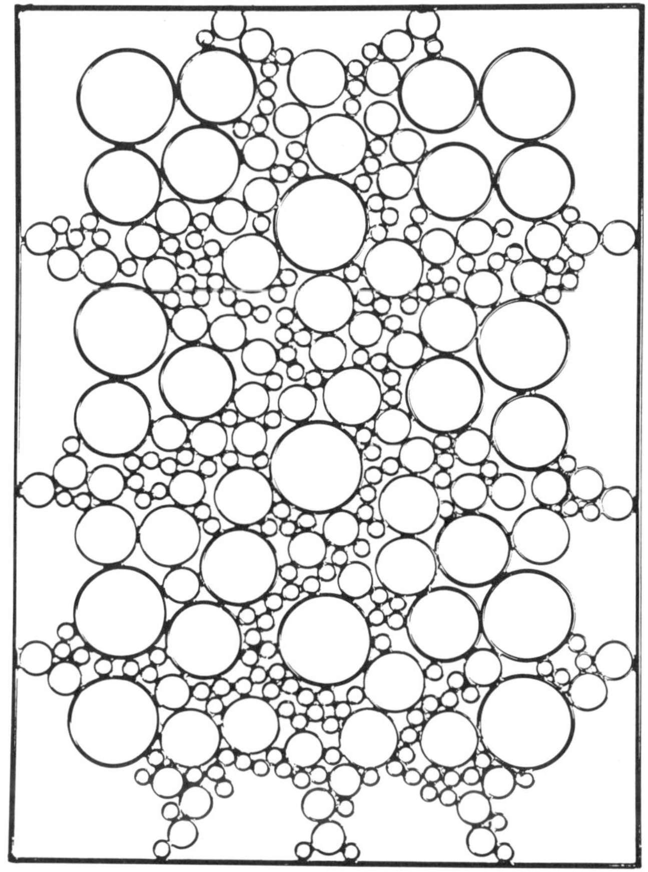

130 S

VERGITTERUNG DURCH LÖTEN

Die Lötverbindung erschließt hier neue bildnerische Möglichkeiten. Die Abb. 123 - 127 zeigen Beispiele aus einer methodisch aufgebauten Entwicklungsreihe. Bei 123 und 124 war die Fläche durch Senkrechte und Waagerechte zu gliedern. Bei 125 - 127 sollten in einer gegebenen Fläche zwei oder drei Grundformen, entweder Kreise, Quadrate oder Rechtecke in guter Raumaufteilung angeordnet werden. Diese Formen waren durch Drähte mit dem Rahmen zu verspannen und zu verlöten. 128, 129: Figurative Themen: „Orientalische Architektur" und „Maske". Eine rhythmisch interessante Komposition aus Kreiselementen zeigt Abb. 130.

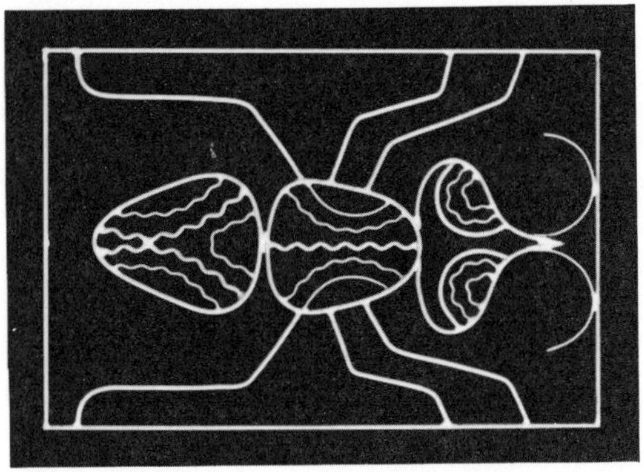

131

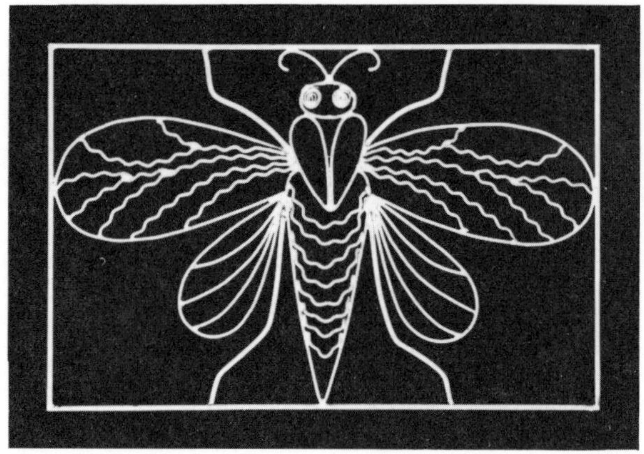

132

133 J 15

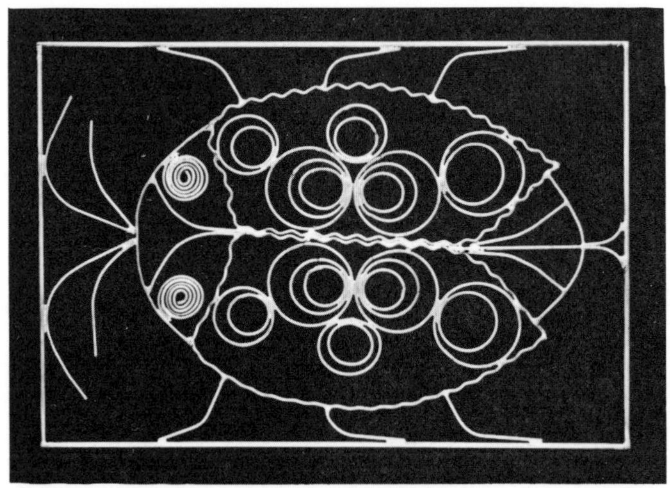

134

131 - 134: Insekten- und Käferformen, ganz aus den linearen Möglichkeiten des Drahtes aufgebaut. Gelötet. Originalgröße der Arbeiten ungefähr DIN A 4.

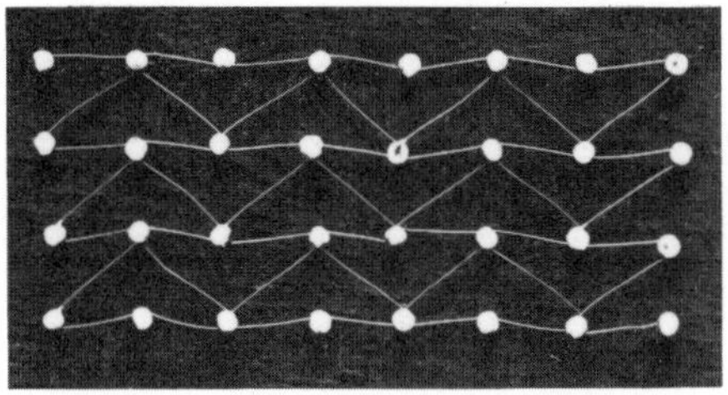

135 J 11

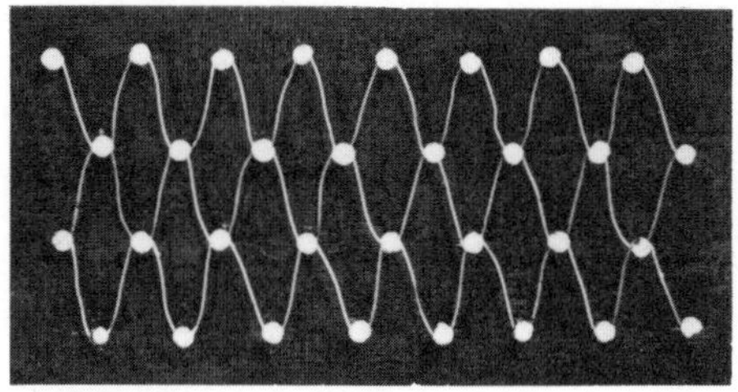

136 J 12

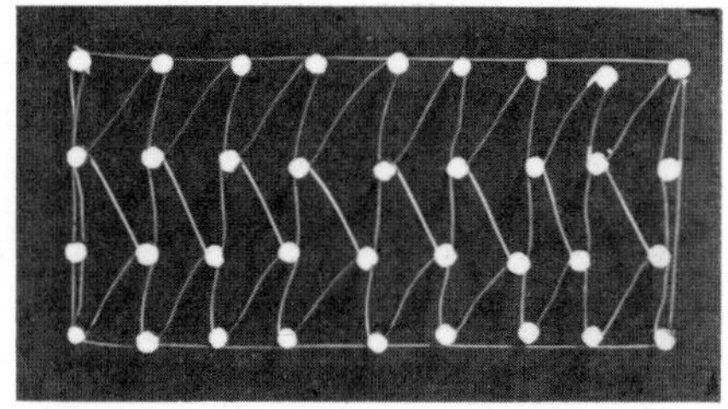

137 J 11

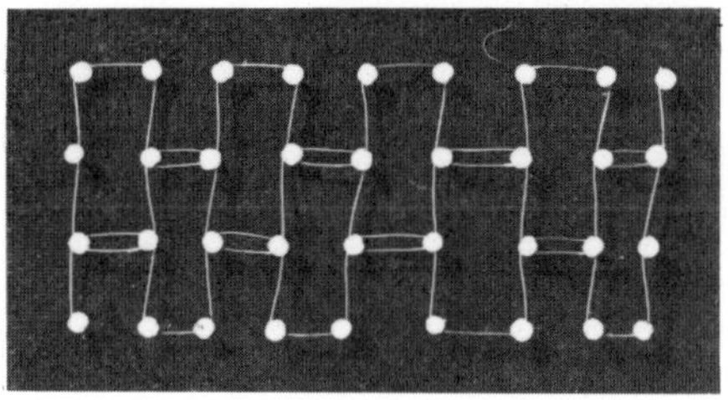

138 J 11

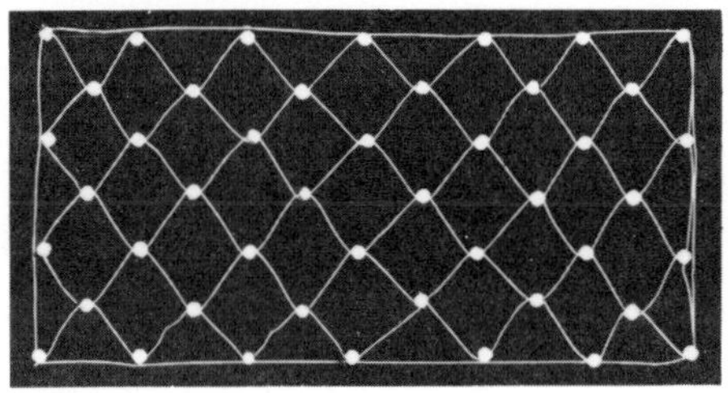

139 J 11

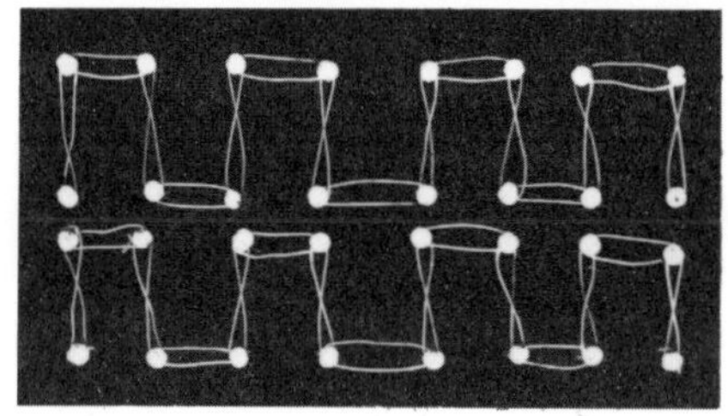

140 J 12

SPANNEN UM NÄGEL

Bereits jüngeren Kindern bereitet das Einschlagen von Nägeln und das Verspannen mit Draht viel Freude. Für die folgenden Übungen benötigen wir dünnen Draht, Nägel und Reste von Span- oder Tischlerplatten. Das Verfahren ist recht einfach. Zunächst wird ein Stück kariertes Papier oder Millimeterpapier auf die dunkel grundierte Platte aufgeheftet. Die Nagellöcher können dann exakt mit einem Vorstecher oder einem anderen spitzen Gegenstand vorgestochen werden. Nach dem Einschlagen der Nägel beginnt das Spiel mit dem Verspannen des Drahtes. Wir machen hierbei zur Bedingung, daß die ganze Fläche mit der durchlaufenden Linie, d. h. mit einem einzigen langen Stück Draht ausgespannt wird.
Die Abb. 135 - 140 zeigen einfache Übungen aus einer Entwicklungsreihe, auf der sich differenziertere Aufgaben wie 144 - 146 später aufbauen.

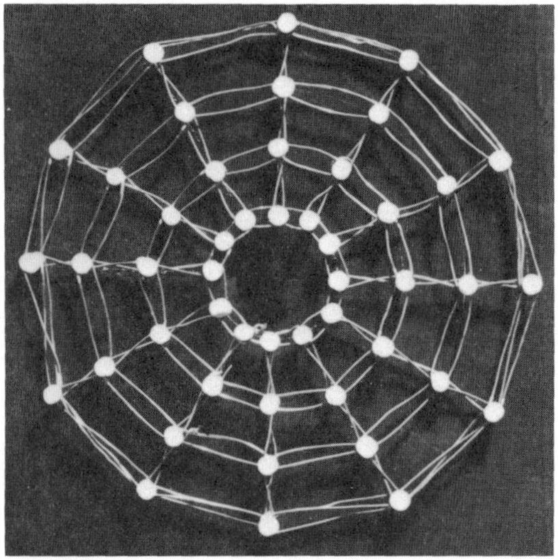

141 J 13

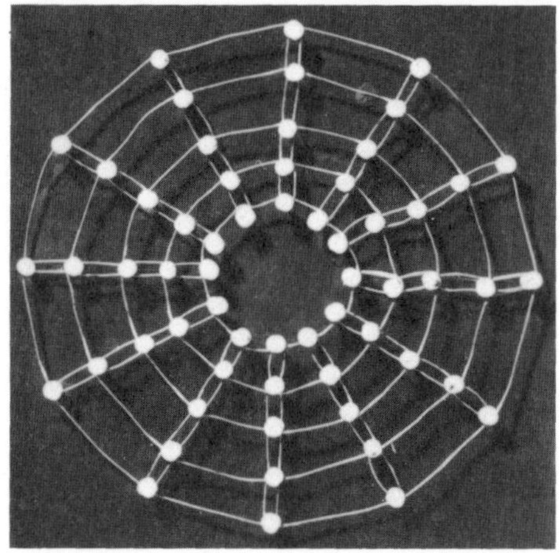

142 J 13

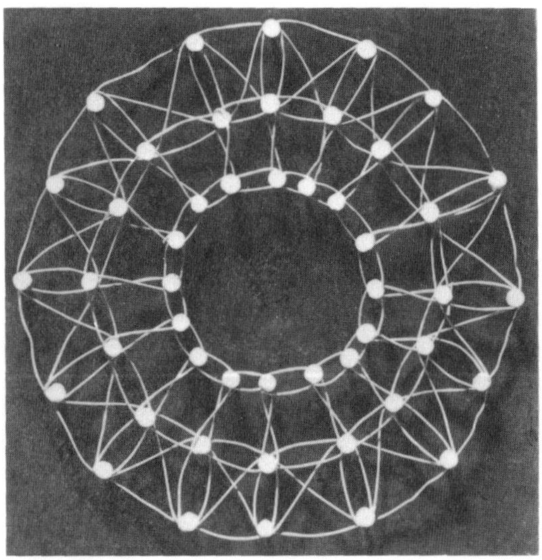

143 J 13

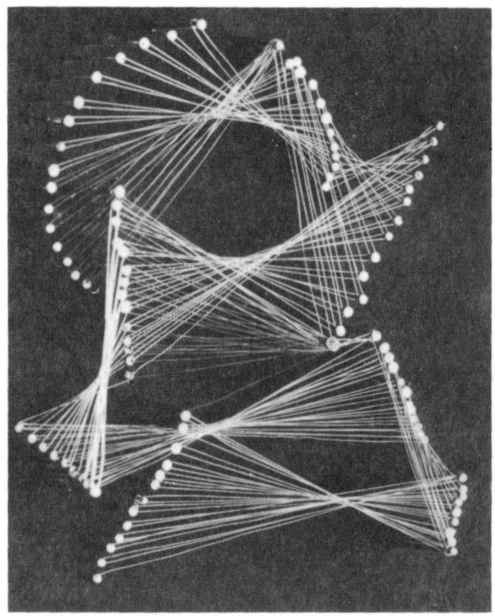

144 S

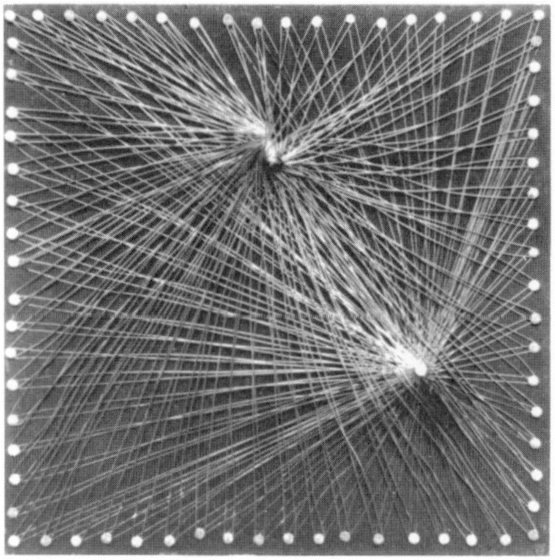

145 S

141: Der Kreis als Ausgangsform für Spannübungen.

144: Verspannung von Drähten, die sich diagonal überschneiden und dadurch eine starke dynamische Wirkung auslösen.

145: Von zwei Kraftzentren ausgehende Drahtverspannungen schaffen zwei sich durchdringende Kraftfelder.

146: Frei gestaltete Komposition mit dem Punkt (Nagelkopf) und der Linie (Draht) als bildnerischen Elementen.

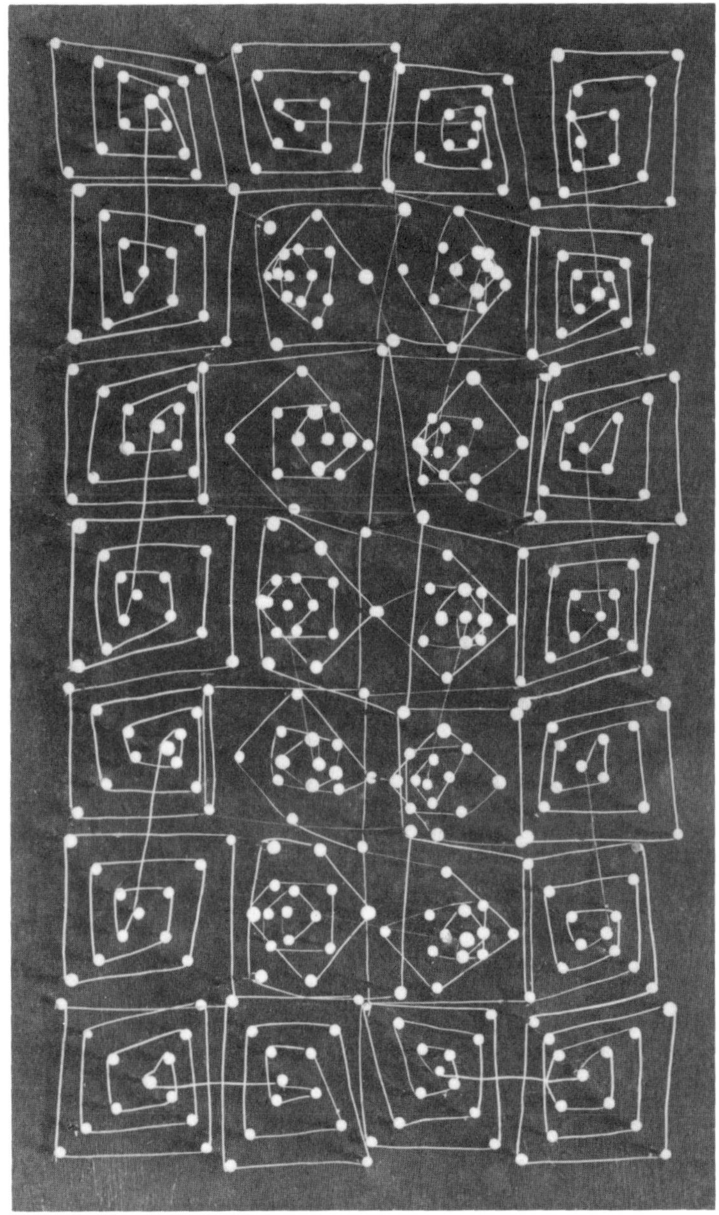

146 S

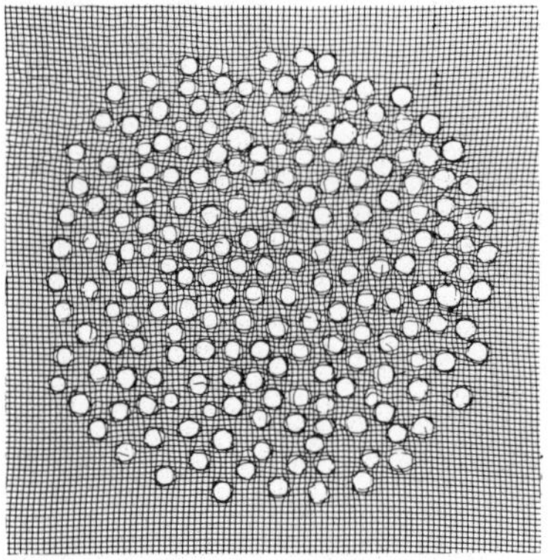

147 J 11

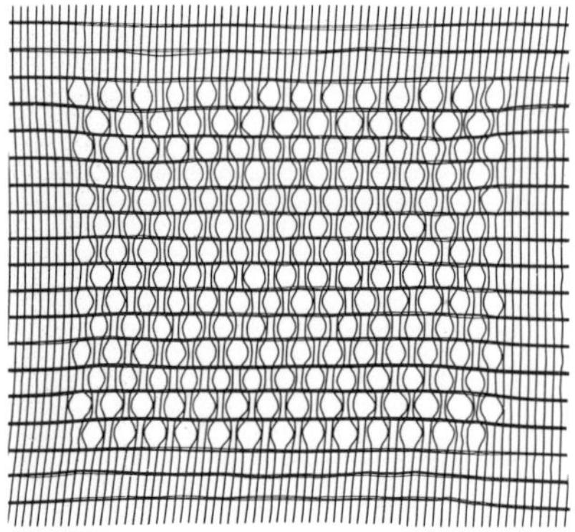

148 J 12

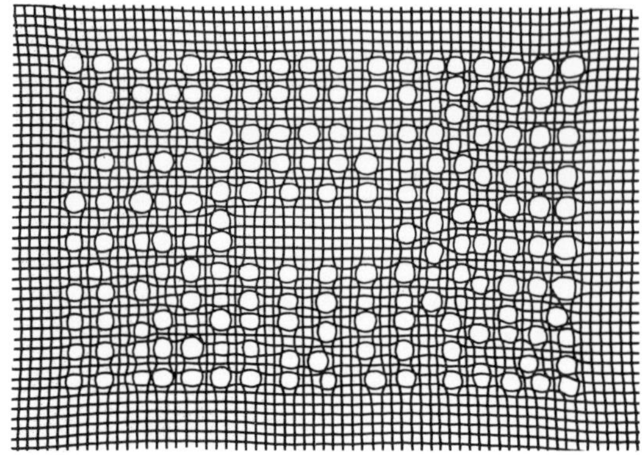

149 J 12

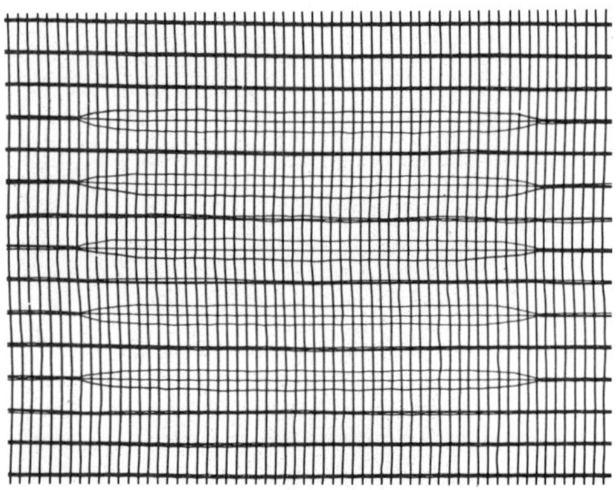

150 J 12

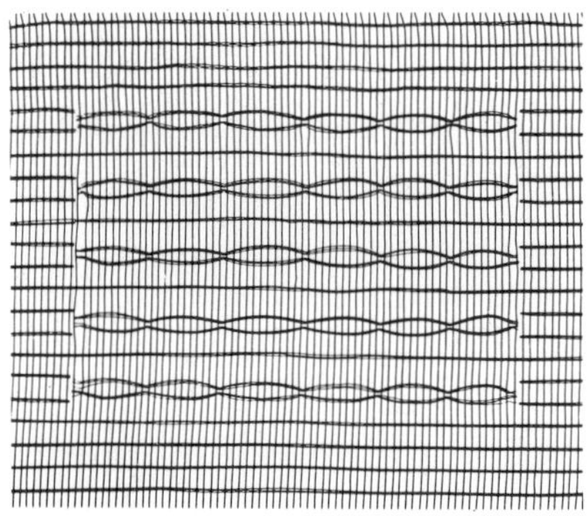

151 J 12

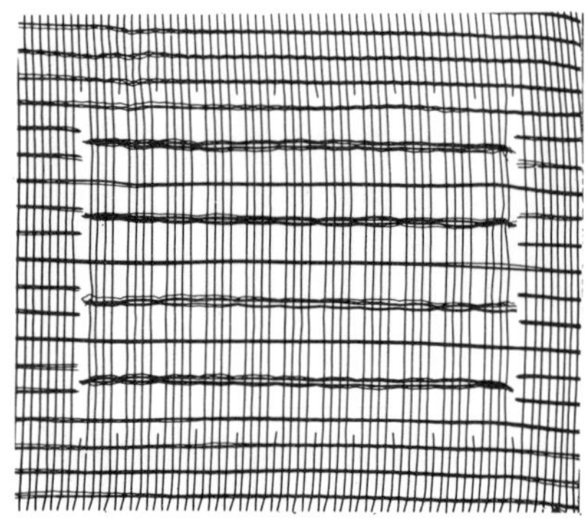

152 J 13

Das Formen mit Gewebe

FLÄCHIGES GESTALTEN

Drahtgewebe entsprechen in ihrer Struktur dem textilen Gewebe. Querdrähte sind durch die gespannten Längsdrähte hindurchgeführt. Dabei entsteht eine Bindung der verschieden gerichteten Drahtgruppen. Wir beginnen auch hier mit einfachen Übungen. Die Abb. 147 - 159 zeigen Beispiele aus verschiedenen Ent-

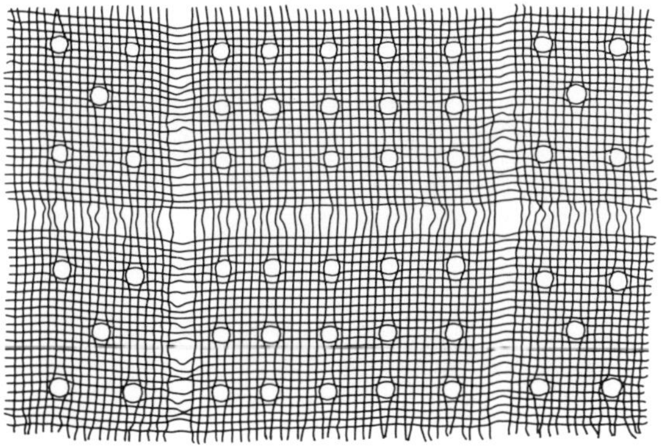

153 J 12

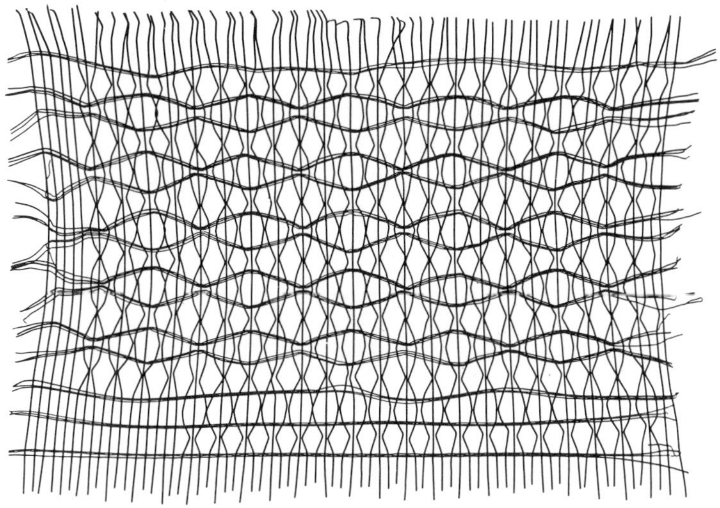

154

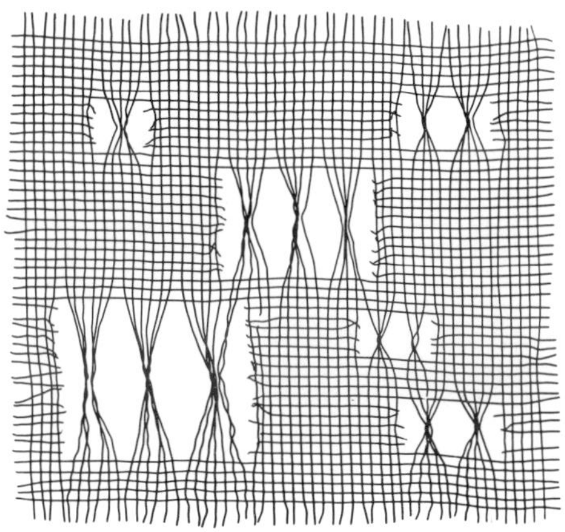

155 S

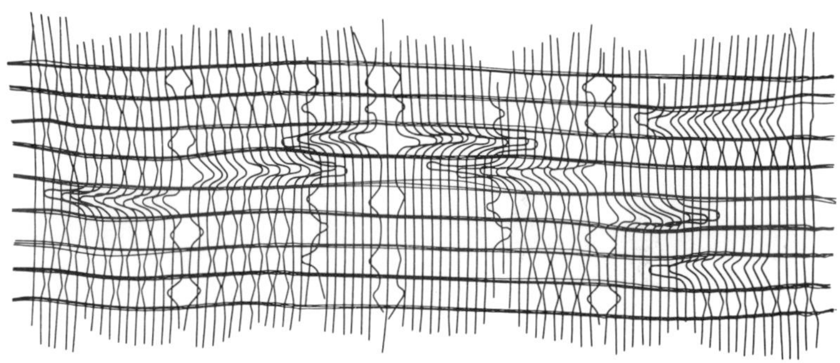

156 S

wicklungsreihen, bei denen jeweils ein bildnerisches Problem im Mittelpunkt der Aufgabenstellung stand. Die Struktur des Drahtgewebes kann entweder durch Verbiegen und Verschieben oder durch Herausziehen und Durchtrennen der Drähte verändert werden. Abb. 147 - 153 zeigen Beispiele, bei denen die rechtwinkligen Maschen mit Hilfe eines eingestochenen Bleistiftes zu Kreis- und Ovalformen erweitert wurden. Bei 153 sind zusätzlich Quer- und Längsdrähte herausgezogen. Interessante Strukturveränderungen und neue Formbildungen erreicht man durch Unterbrechen, Zusammenschieben und Auseinanderbiegen der Drähte (150 - 152 und 154 - 159).

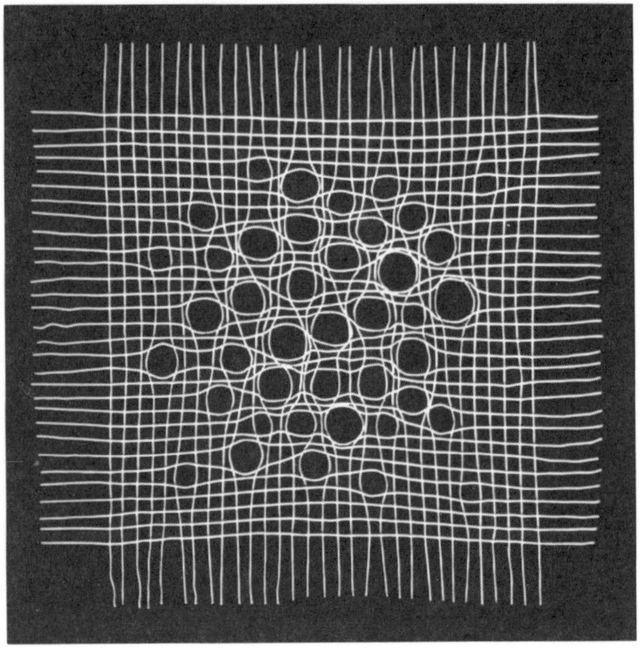

157

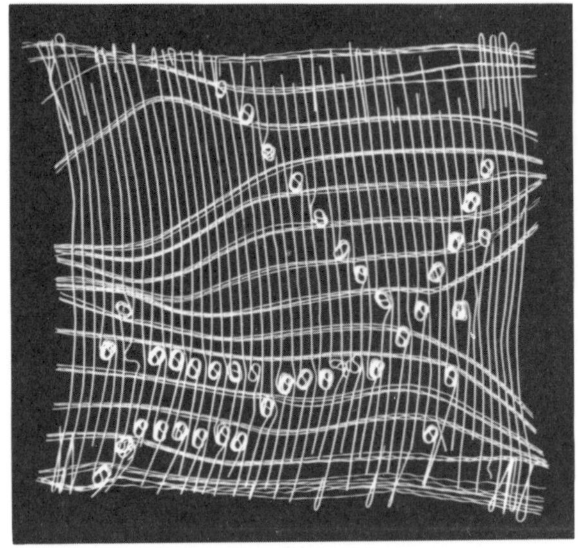

158 S

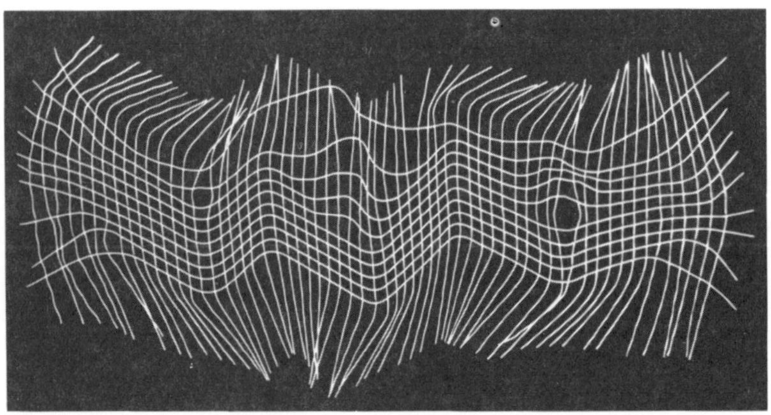

159

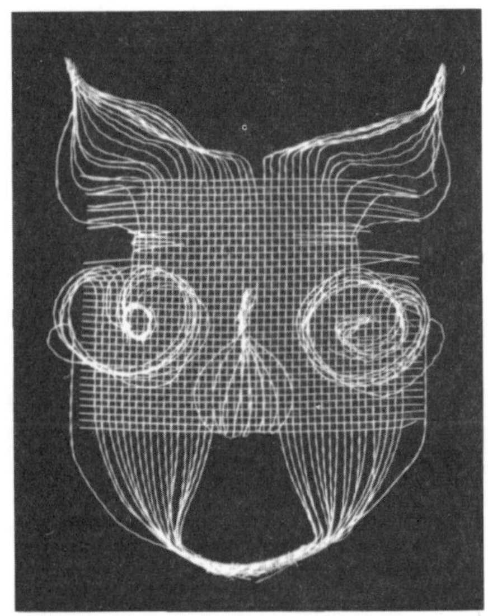

160

160: Aus einem Gewebestück durch Ausziehen, Verschieben und Biegen entwickelte Maske.

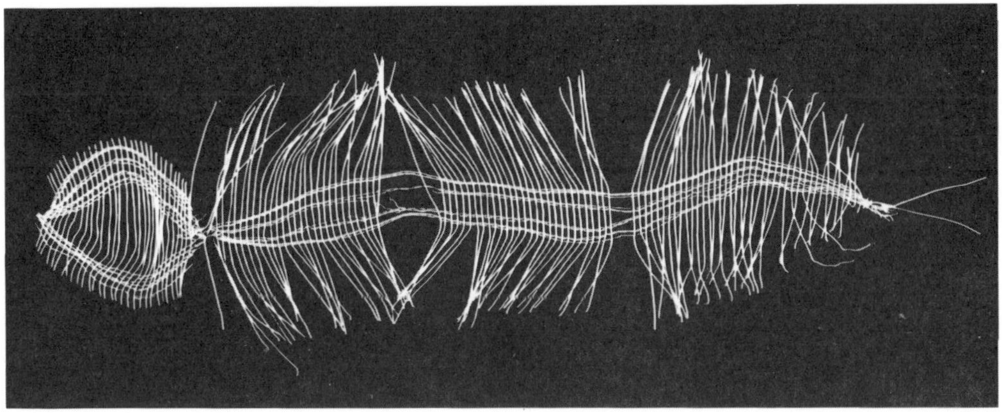

161 L

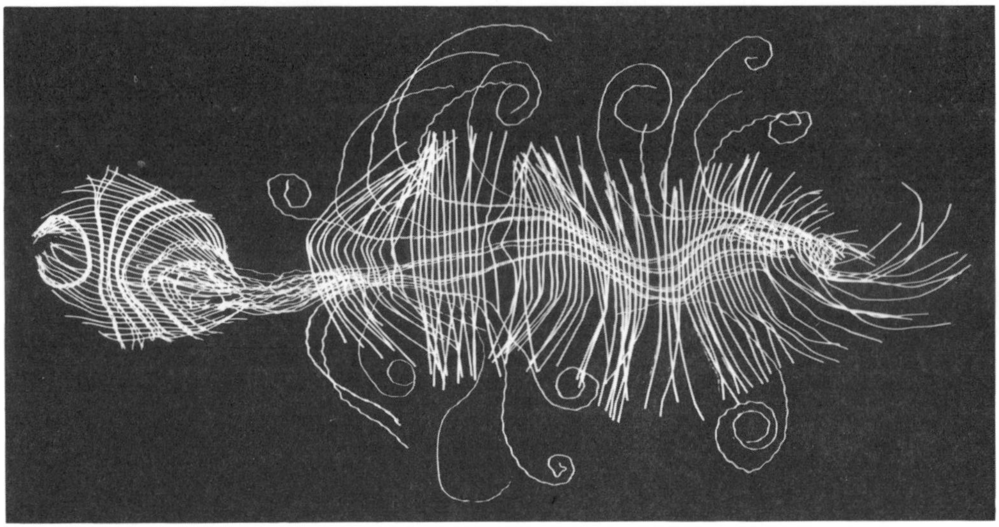

162

161, 162: Zwei Gebilde aus einem länglichen Gewebestück, die an tierische Versteinerungen erinnern.

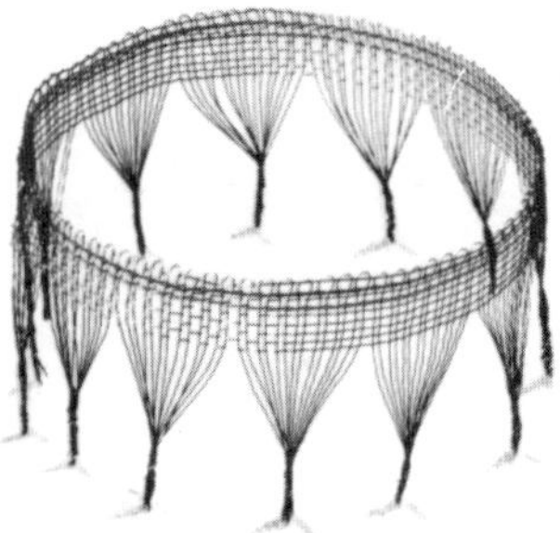

163

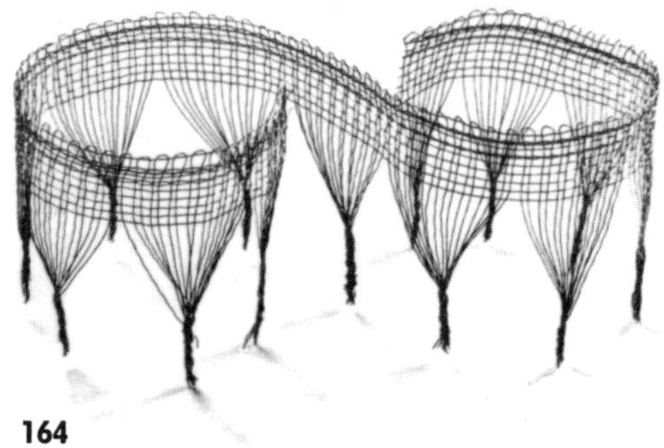

164

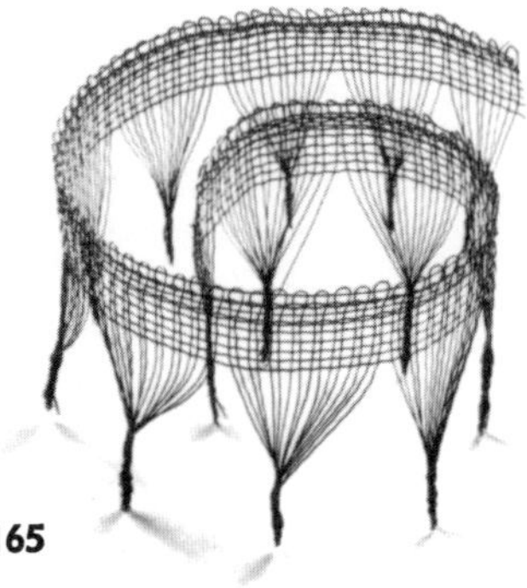

165

RÄUMLICHES GESTALTEN

Drahtgewebe haben den Charakter strukturierter Flächen. Werden Gewebeflächen gebogen, so entstehen dreidimensionale Gebilde, die Räume umgrenzen oder in den Raum hineingreifen.

163 - 165: Drei Möglichkeiten der räumlichen Variation eines Gewebestreifens, der in seiner unteren Zone durch Herausziehen und Verkordeln von Drähten verändert wurde. Stützende und lastende Formteile ergeben bei aller Leichtigkeit den Ausdruck des Stehens.

166, 167: Die Veränderung einer zylindrischen Grundform führt hier zu architektonisch anmutenden Gebilden. Die Verbindung des Zylindermantels erfolgte durch dünne Gewebedrähte.

168, 171: Pflanzliche Formen, aus dem spiralförmig zusammengewickelten Zylinder und aus zusammengesetzten Zylinderteilen entwickelt.

169, 170: Pflanzliche Formen aus einem länglichen Gewebestück. Längsdrähte bis auf eine mittlere Gruppe herausgezogen, horizontale Drähte durch Verkordeln und Verbiegen nach allen Richtungen hin räumlich gegliedert.

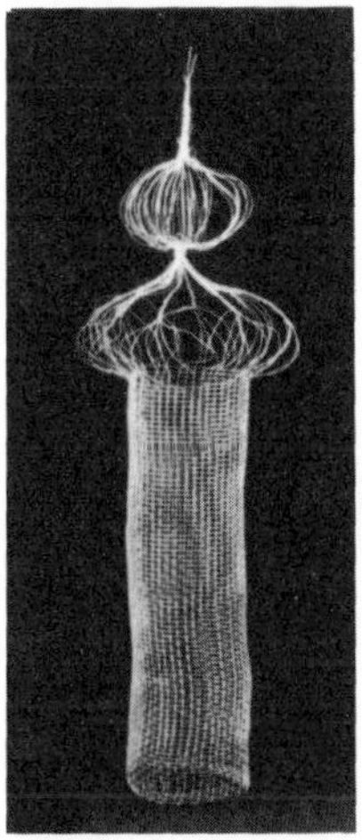
166

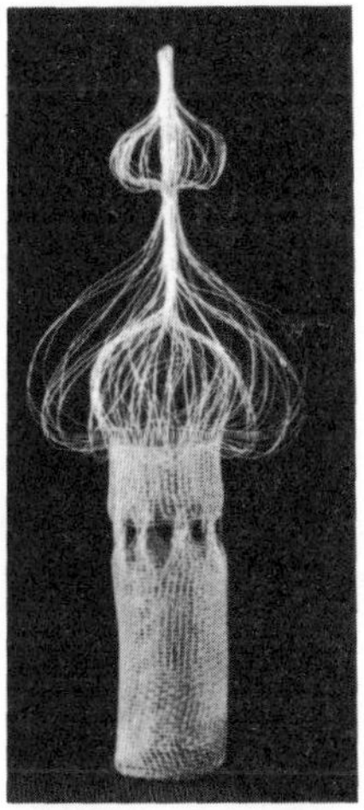
167

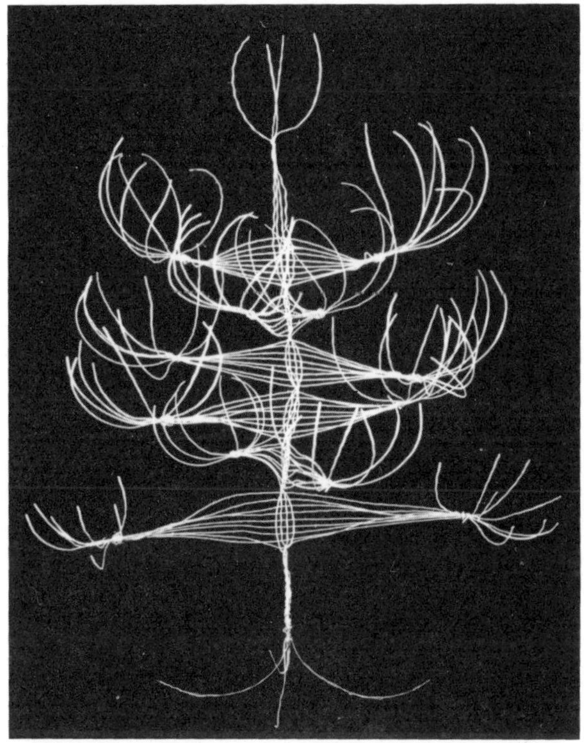
169

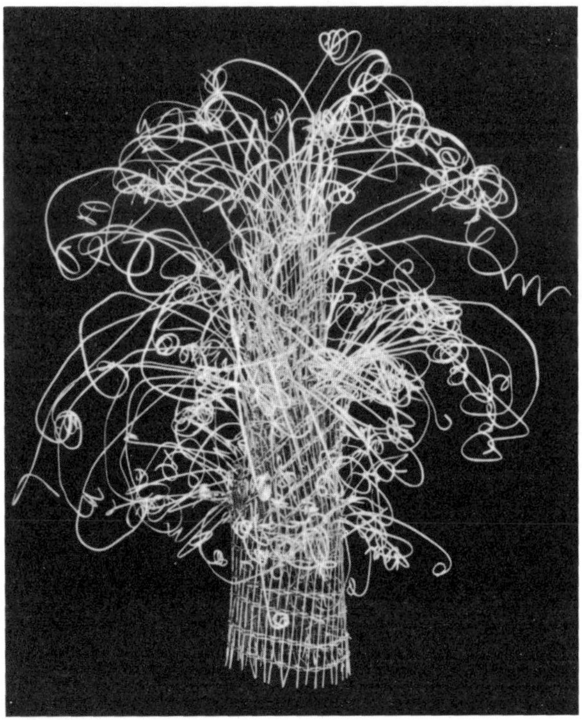
168

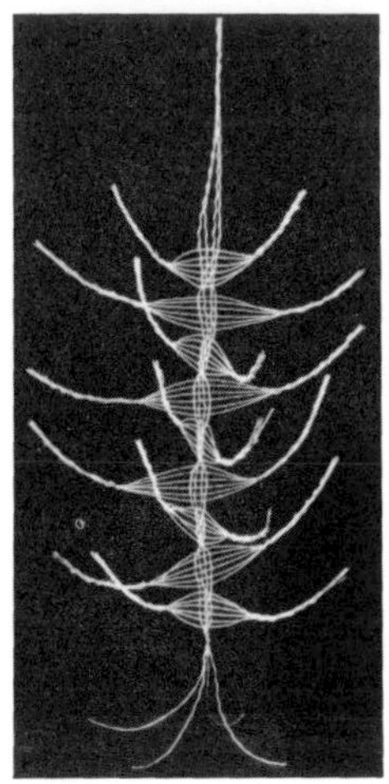
170

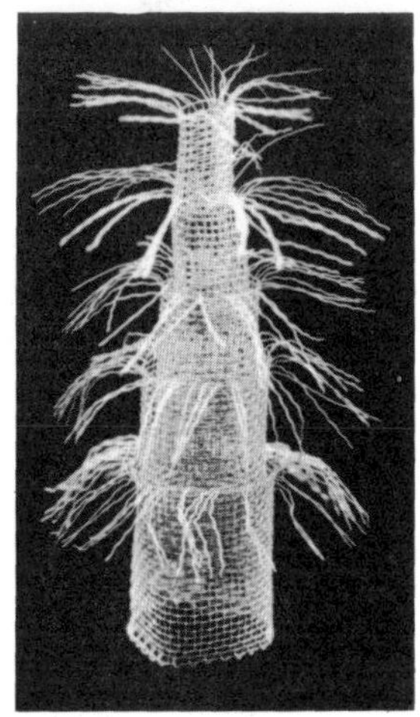
171

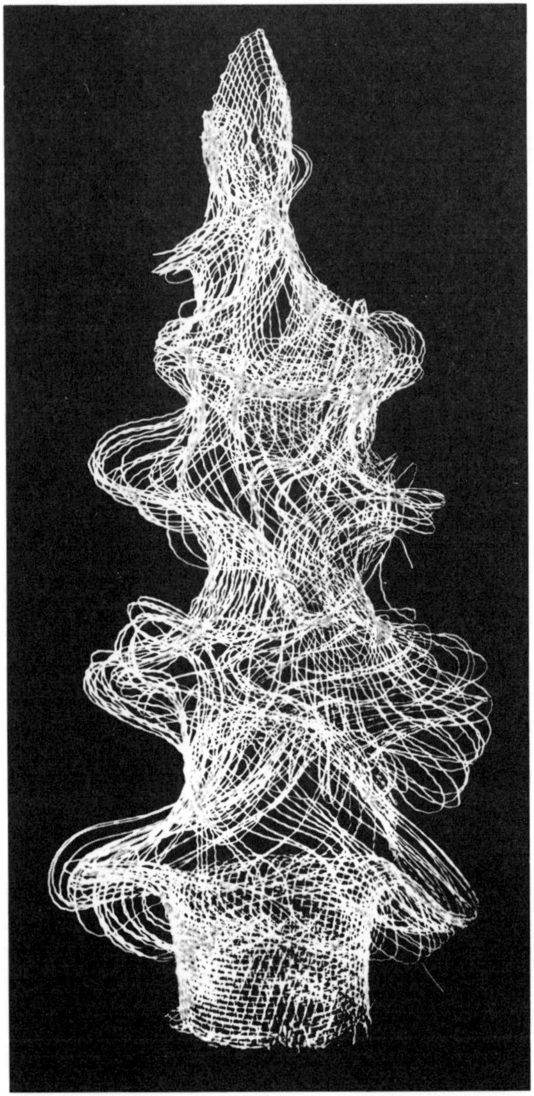

172

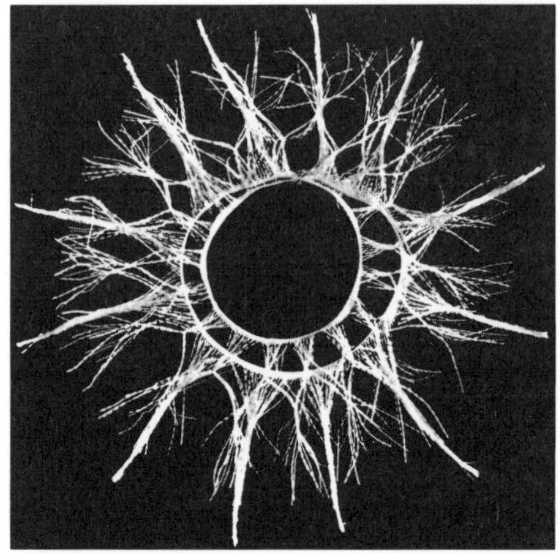

173

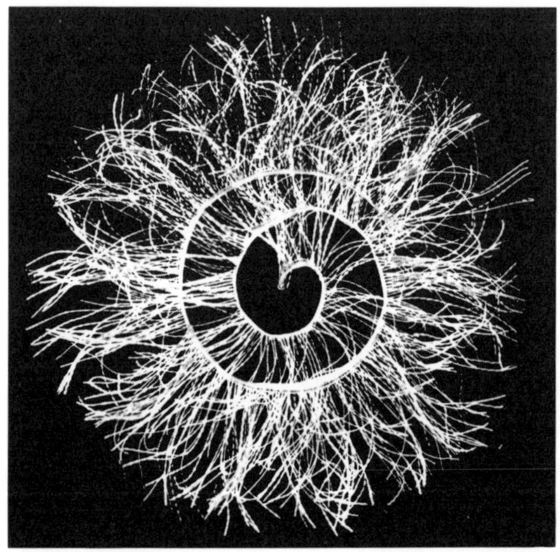

174

172: In sich gewundenes pflanzliches Gebilde, aus der abgewandelten Zylinderform entstanden.

173, 174: Zwei Spiralformen aus einem länglichen Gewebestreifen durch Ausziehen von Längsdrähten und Ausfransen entwickelt.

175 S

Gewebe aus Draht haben einen unterschiedlichen Formcharakter, der sowohl von der Größe und der Form der Maschen, von der Drahtstärke, von der Farbe des verwendeten Metalls als auch von der Art der Gewebebindung abhängt.
Für die Übung 175 wurde ein sehr elastisches Gewebe mit geringer Maschenweite und Drahtstärke verwendet. Die Aufgabe bestand darin, ein rechteckiges Drahtgewebe durch vertikale und horizontale Auffaltung zu gliedern. Da die Drähte des Gewebes durch das Stauchen und Strecken beim Biegen härter werden, bekommt das Ganze im Gegensatz zum textilen Gewebe eine größere Festigkeit.

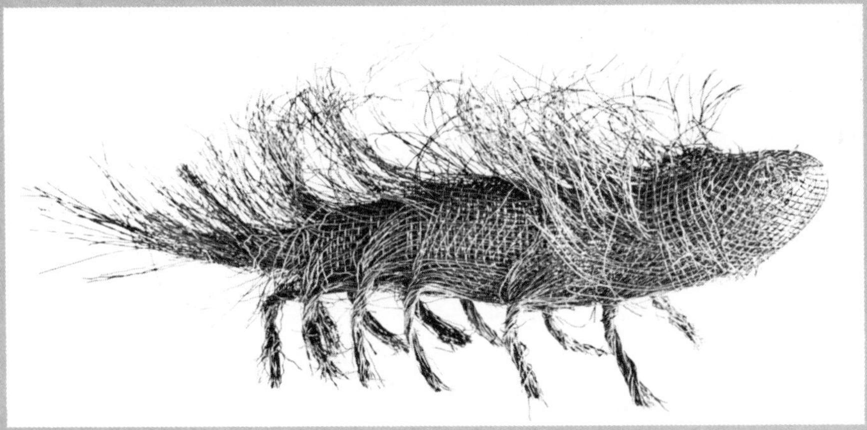
176

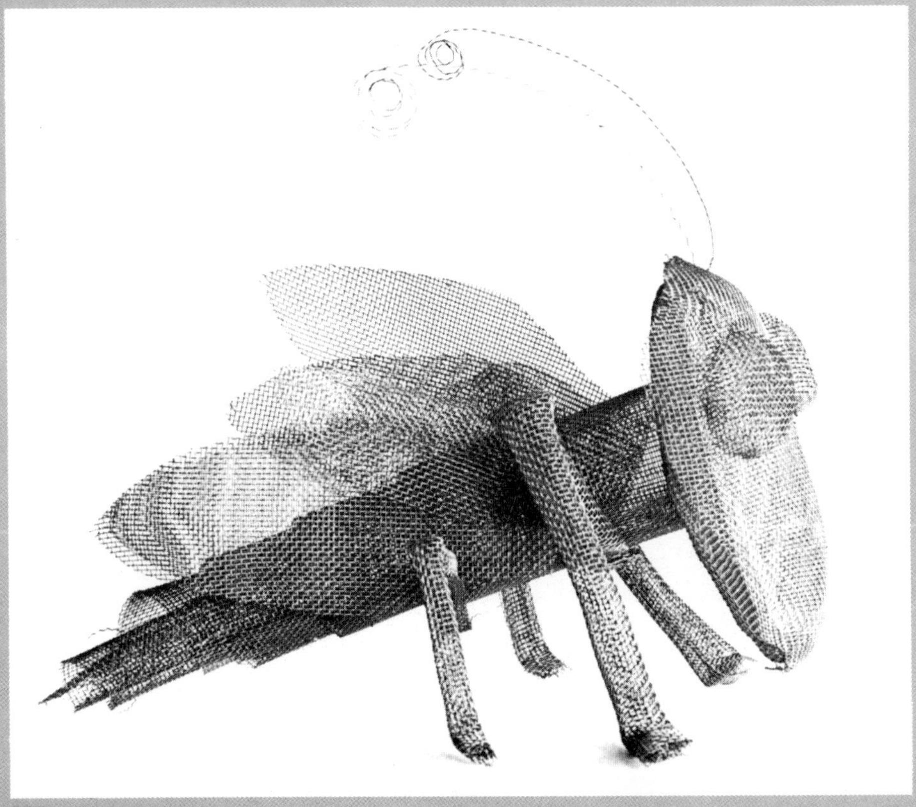
177

178

Die abgebildeten Tierformen aus Drahtgewebe verraten den eigenartigen Reiz dieses Materials und seine vielseitigen bildnerischen Möglichkeiten. Die Arbeiten wurden ohne Lötverbindungen durchgeführt. Als Verbindungsmittel dienten feine Gewebedrähte, mit denen die Teile (s. Abb. 177) verknüpft wurden.

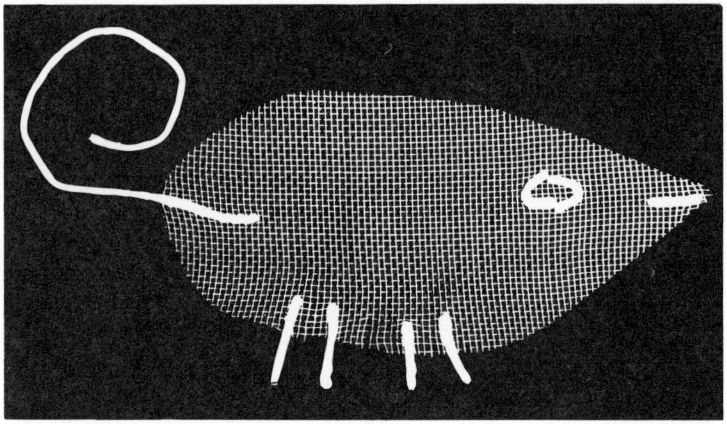

179 J 7

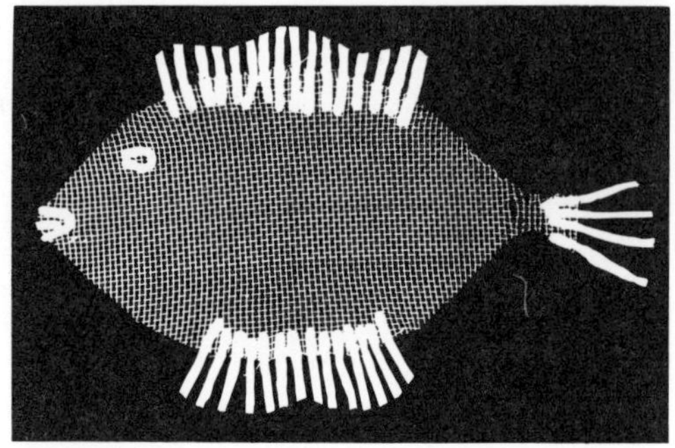

180 J 8

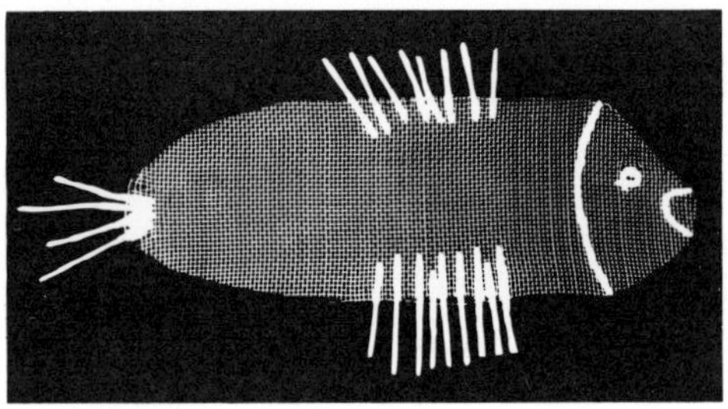

181 M 8

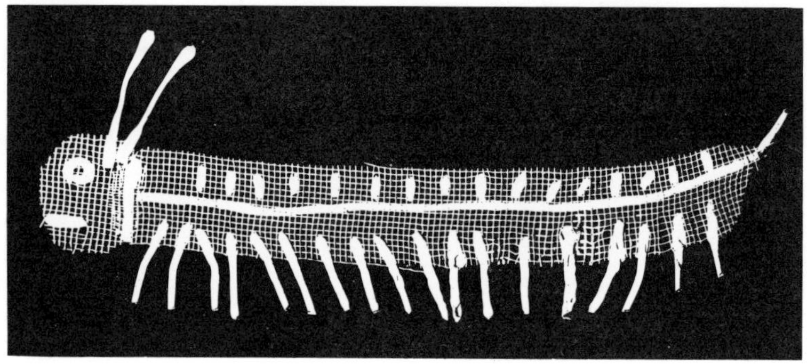

182 J 9

DAS GEWEBE IN VERBINDUNG MIT DRAHT

Weicher Aluminiumdraht läßt sich auf Drahtgewebe aufhämmern. Die harten Drähte des Gewebes dringen ins weiche Aluminium ein. Es ergibt sich eine feste Verbindung. Dieses Verfahren ist so einfach, daß es bereits von jüngeren Kindern angewendet werden kann.

179 - 182: Tierformen, mit einer alten Schere ausgeschnitten und anschließend mit Draht gehämmert.

183: „Kriechtier". Ausgefranstes Gewebe, mit Aluminiumdraht gehämmert.

184: Die aufgehämmerte Spirale als form- und strukturbildendes Element.

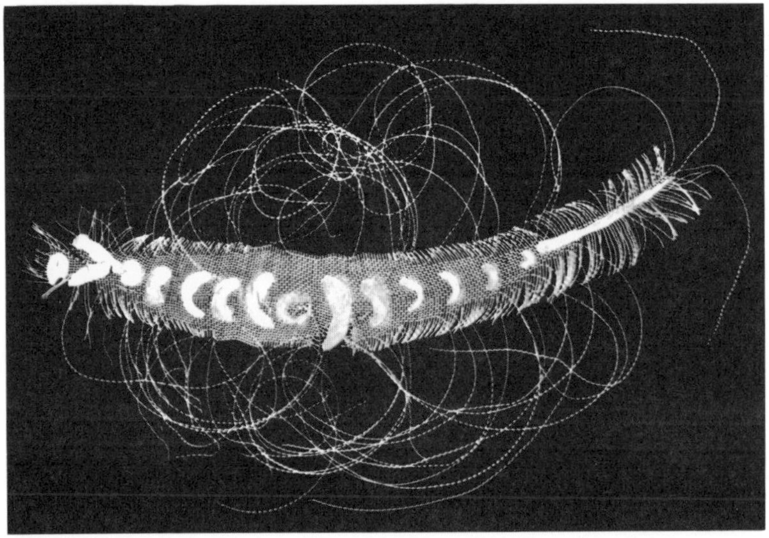

183 S

184

Das Formen mit Blech

DRÜCKEN, PUNZIEREN UND LOCHEN

Metalle kommen im allgemeinen in vorgeformtem Zustand in den Handel. Neben den vorgeformten Materialien Draht und Drahtgewebe ist das gewalzte Blech ein besonders geeigneter Werkstoff für die Metallarbeit. Seine bildnerischen Möglichkeiten sind vielseitig. Einmal kann es als Grundfläche für eine bildnerische Ordnung dienen, ein andermal läßt es sich zu einem Relief oder zu einer Flächenstruktur verformen, und schließlich ist es möglich, z. B. durch Biegen oder Treiben ein dreidimensionales Gebilde zu schaffen. Das Drücken und das Punzieren sind zwei Verfahren, die ein dehnfähiges und zähes Material voraussetzen. Dazu sind besonders dünne und weiche Bleche wie Aluminium-, Kupfer-, Messing-, Zink- und Weißblech geeignet. Durch Drücken und Punzieren werden plastische Veränderungen am Material vorgenommen.
Legt man das Blech auf eine weiche Unterlage und setzt es dem Druck der Punzier- und Drückwerkzeuge aus, so kann es sich nach unten ausdehnen und sich zu plastischen Punkten, Linien oder Flächen verformen. Dabei wird das Material gestreckt und in seiner Struktur härter und spröder.
Die Abb. 185 - 193 zeigen Übungen mit der Flächenstruktur. Die Materialien, die Verfahren und die Werkzeuge sind unterschiedlich. Die Drückarbeiten 185, 186, 188 - 190 wurden in weicher Aluminiumfolie auf einer Unterlage aus mehreren Zeitungen durchgeführt. Als Drückwerkzeuge dienten angespitzte Buchenrundstäbe. Die Beispiele 187, 191 - 193 zeigen Punzierarbeiten aus weichem Kupferblech und aus Bleiblech. Zum Unterschied zum Drücken wird beim Punzieren ein Hammer zu Hilfe genommen. Die Punzierwerkzeuge können aus Nägeln oder Schweißdrähten (2 und 3 mm) in verschiedenen Formen und Größen selbst zugefeilt werden.

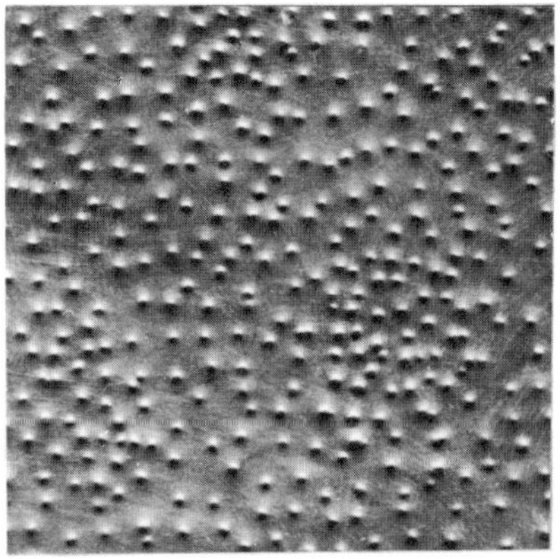
185 **M** 14

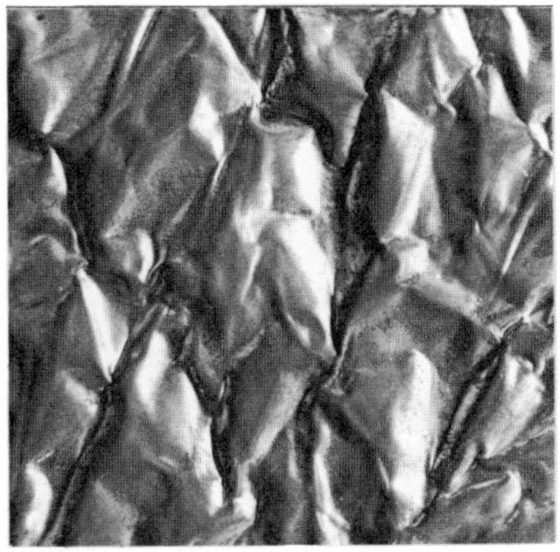
186

187

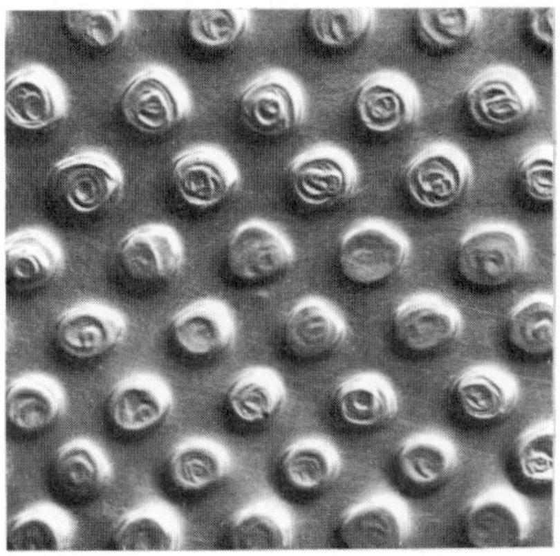
188 **M** 9

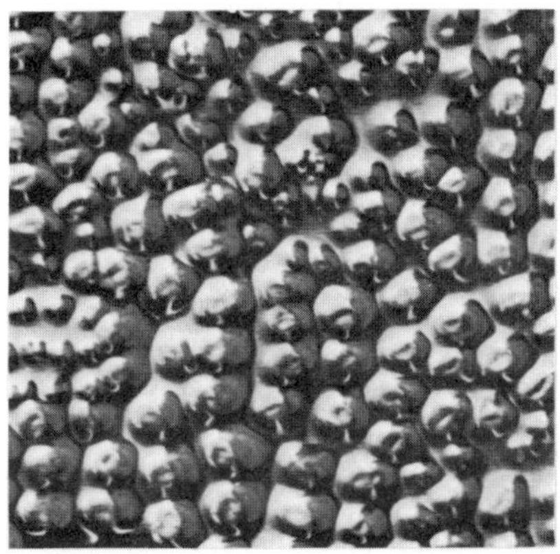
189 **J** 13

190 **J** 13

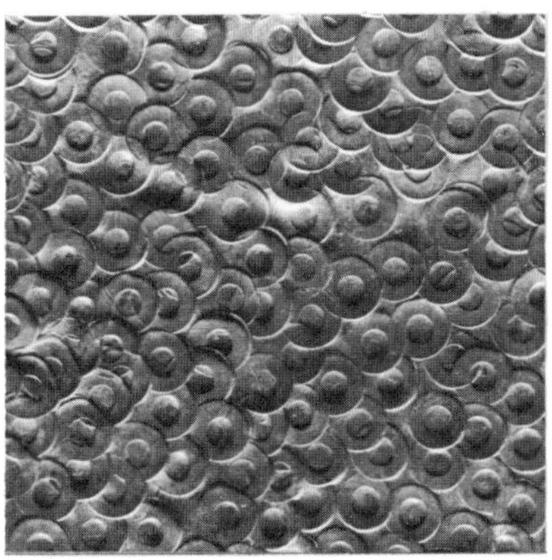
191

192

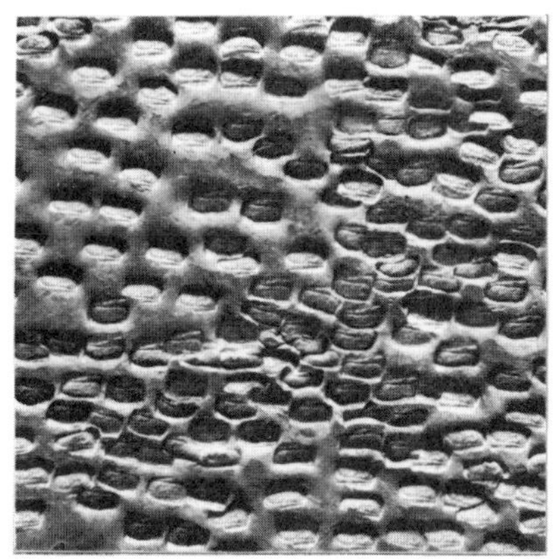
193

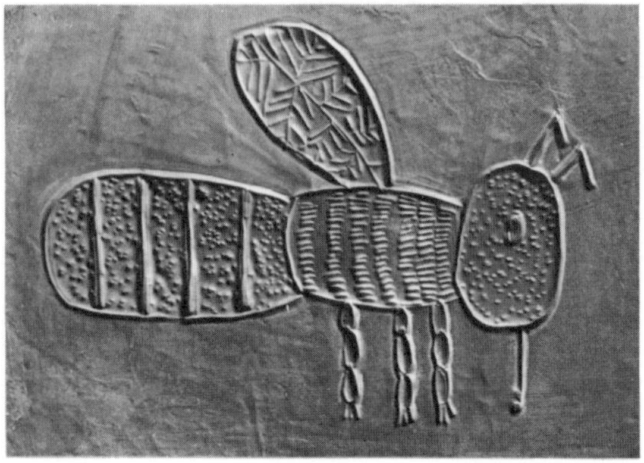

194 M 8

195 J 9

196 M 8

197

198

199

200 S

194 - 196: Mit Kugelschreiber und Bleistift in weiche Alu-Folie gedrückte Tierformen, die ein sicheres Gefühl der Kinder für Form und Material erkennen lassen.

197 - 200: Die plastische Linie als Element bildnerischer Ordnung. 197 - 199 in Aluminiumfolie gedrückt, Übung 200 in Bleiblech punziert.

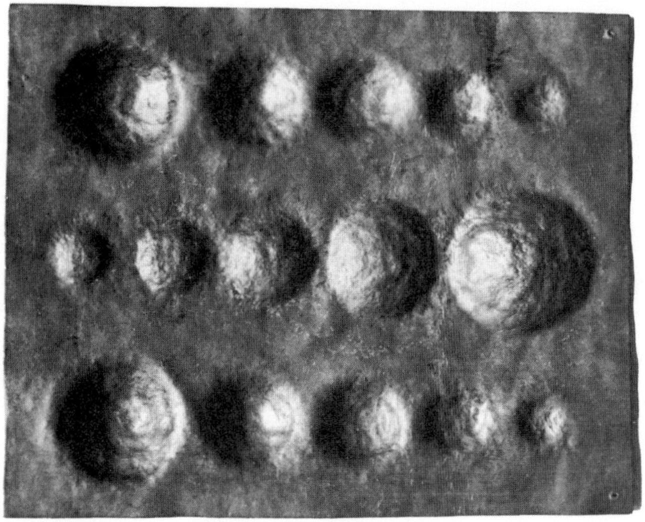

201 S

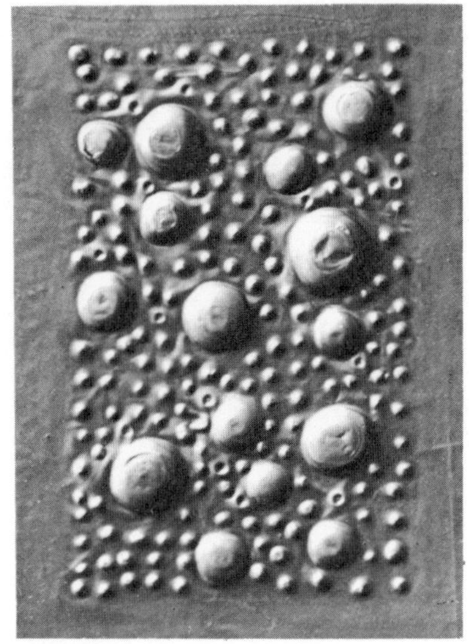

202 J 10

203 S

204 S

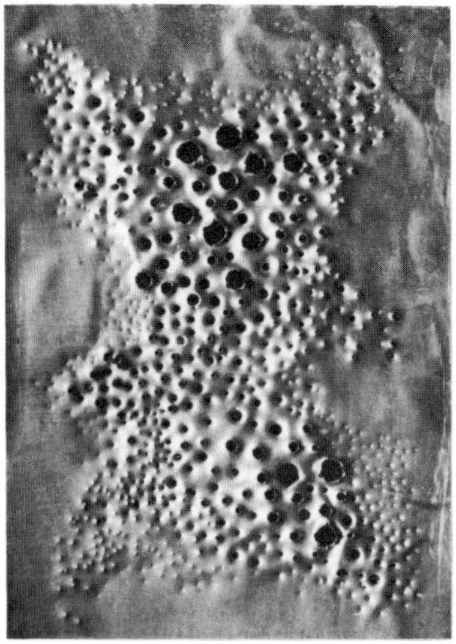

205

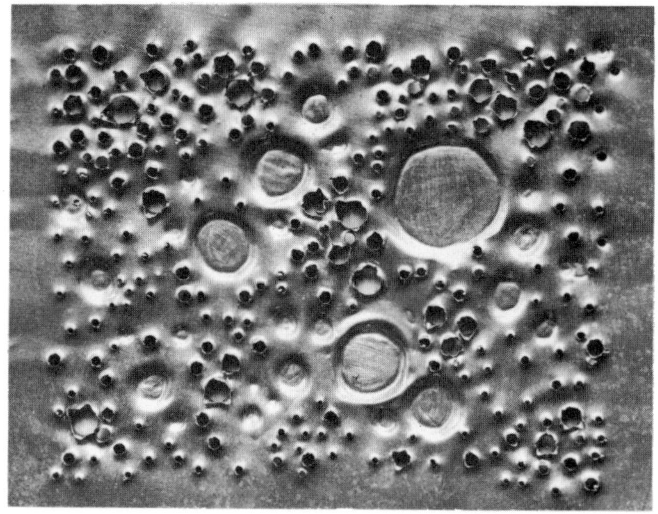

206

Je weicher und zäher Metalle sind, um so größer sind ihre Dehnbarkeit und Plastizität. Das Beispiel 202 zeigt die starke Verformbarkeit eines 0,2 mm starken Aluminiumbleches, dessen Fläche durch große und kleine Konvexformen gebildet wurde. Das Material ist bis zur äußersten Grenze der Dehnbarkeit gestreckt worden.

201: Reihung von Konvex- und Konkavformen in Bewegung und Gegenbewegung.

203: Quadratische Strukturform, die sich im Wechsel rapportartig wiederholt.

204: Kreisförmige Komposition aus Wölbung und Höhlung, aus Negativ- und Positivformen.

205, 206: Bei diesen Übungen tritt als neues Verfahren das Lochen des Bleches hinzu. Eine Flächenordnung aus kleinen und großen Durchbrüchen mit Gruppenbildung zeigt 205. Bei 206 bildet die Gruppe der großen gedrückten Formen einen Kontrast zu den kleinen gelochten Formen.

207

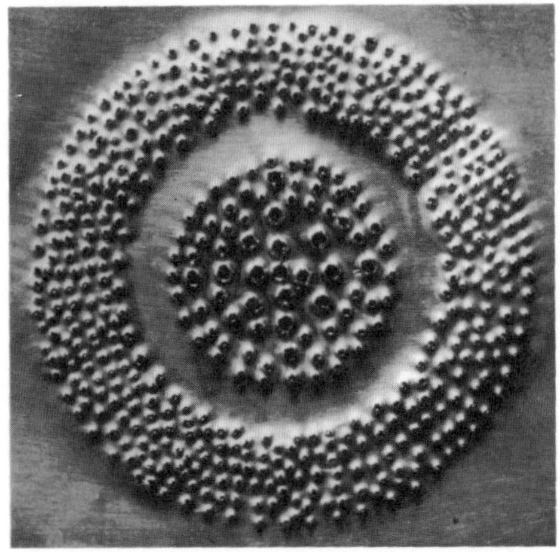

208 J 12

209 J 13

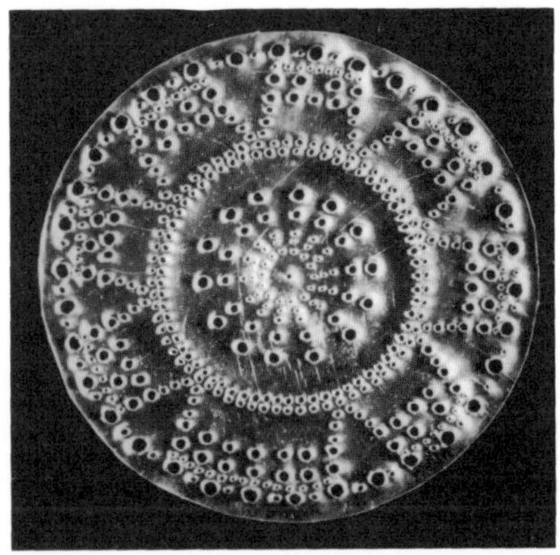

210

Der eigentliche Zweck des Loches besteht darin, Bleche als Flächen leichter zu machen (Lochblech), oder mit Hilfe des Loches konstruktive Verbindungen (Nieten, Schrauben) zu schaffen. Bei diesen Übungen tritt das

211 J 13

212 J 12

213 J 13

Loch nur als bildnerisches Mittel in Erscheinung. Als formales Element hat das Loch oder der Durchbruch einen punkthaften Charakter. Das Lochen kann bei dünnen Blechen oder Folien auf einer weichen Unterlage (Dämmplatte) durchgeführt werden.

Als Lochwerkzeuge können sowohl Zirkelspitzen, Nägel, Vorstecher als auch Durchschläge Verwendung finden. Beim Lochen wird der Werkstoff an den Rändern des Durchbruchs gewaltsam verformt. An der Unterseite des gelochten Teils zeigt sich eine starke Stauchung und ein Grat.

207 - 210: Gliederung einer Kreisfläche mit größeren und kleineren Durchbrüchen.

211 - 213: Aluminiumfolien wurden strukturiert und zum Hohlzylinder gebogen. Die Verbindung geschah mit Alleskleber. Besonders reizvoll ist die Spiegelung des Lichts auf dem glänzenden Metall. Auf die hier gezeigte Weise lassen sich Laternen herstellen.

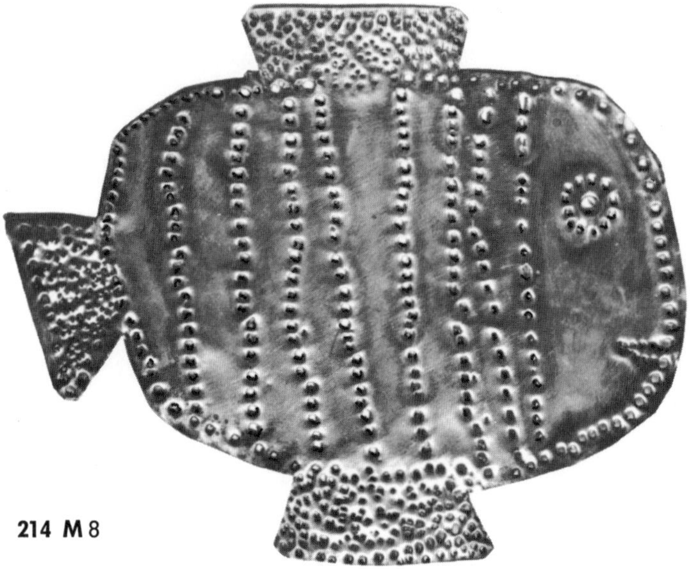

214 M8

215 J9

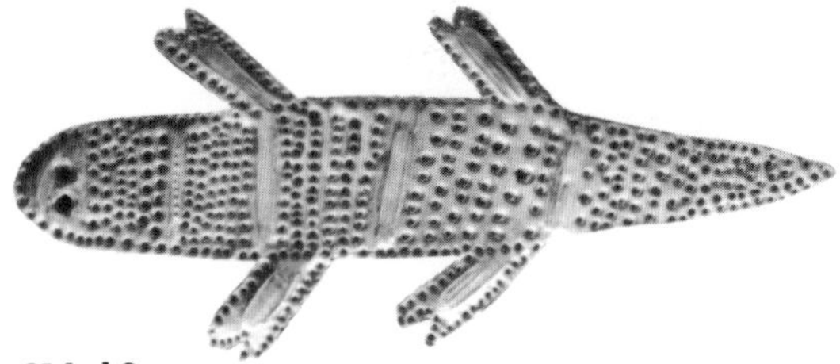

216 J9

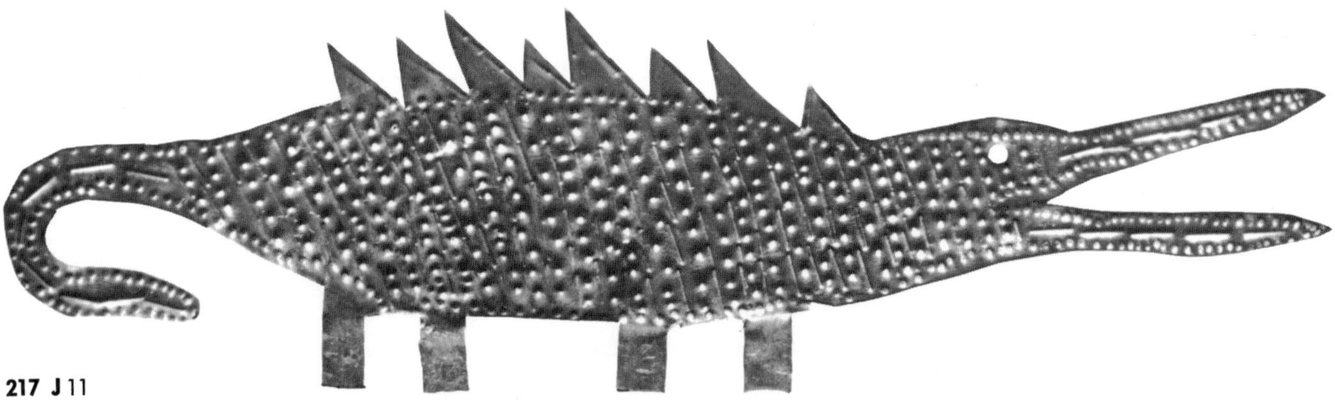

217 J11

214 - 217: Gelochte und punzierte Tierformen aus weichem Aluminiumblech (0,2 mm stark). Die Formen wurden nachträglich mit alten Scheren ausgeschnitten.

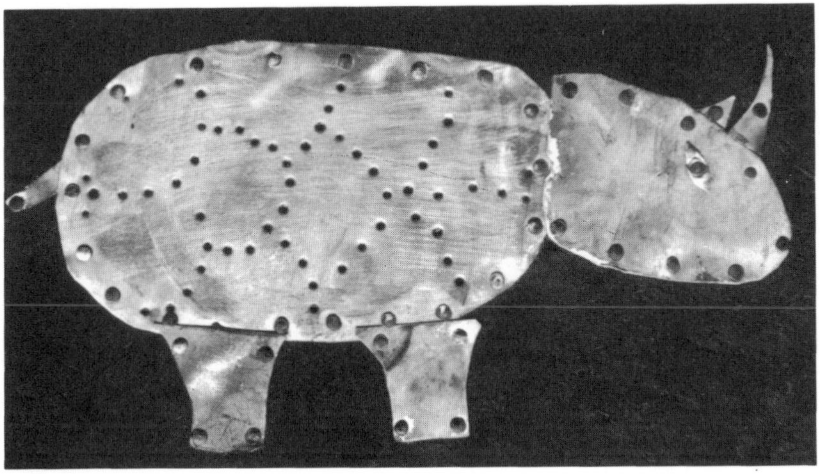

218 J 12

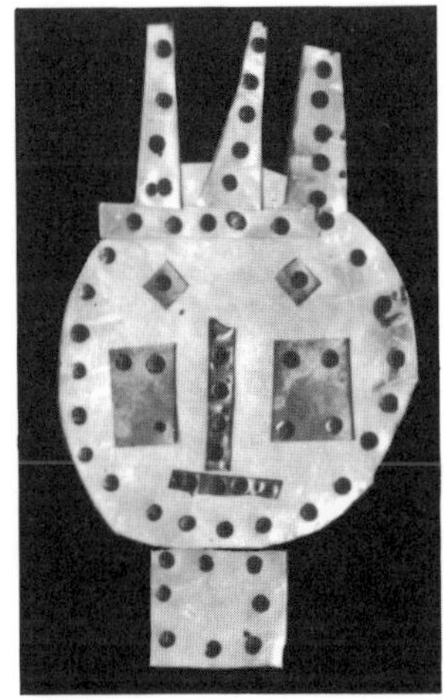

219 J 9

MONTIEREN DURCH NAGELN UND VERKNÜPFEN

Vom Montieren sprechen wir dann, wenn einzelne Formteile oder Elemente einander zugeordnet und zu einer Gesamtform zusammengefügt werden. Als Material nehmen wir dünne Bleche, vor allem Weißbleche, die wir mit einer Goldarbeiterschere leicht schneiden können. Die nächsten Seiten zeigen das montierende Verfahren bei flächigen und reliefhaften Gestaltungen. Der Grund, auf den montiert wird, besteht entweder aus einer dunkel grundierten Platte aus Holz (Span-, Sperrholzplatte) oder einem Drahtgewebe.

218 - 220: Gegenständliche Arbeiten, die z. T. gelocht und punziert und auf Spanplatten aufgenagelt wurden. Die Nagelköpfe sind als Punktelemente eingesetzt.

220 J 14

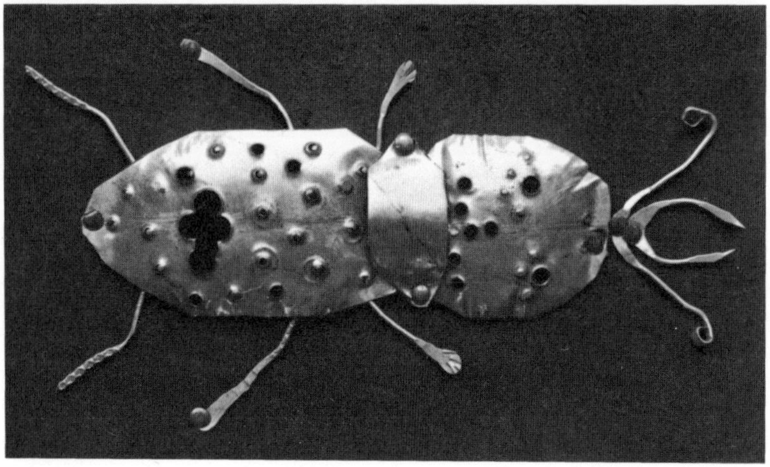

221 **J** 11

222 **J** 6

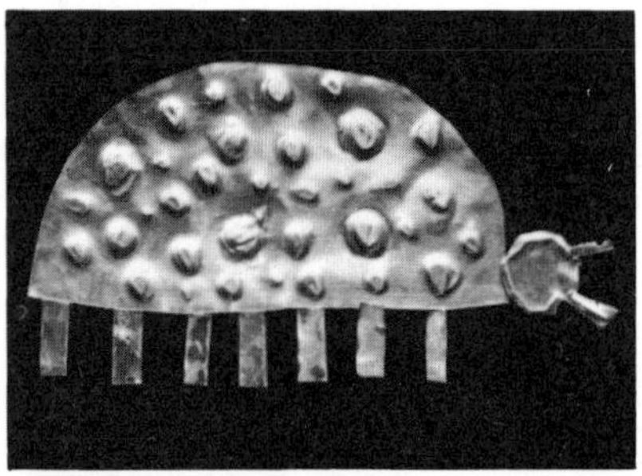

223 **M** 6

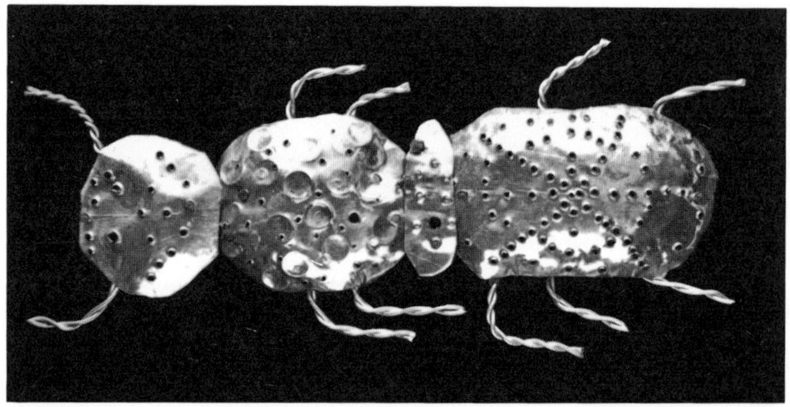

224 **J** 11

221, 224: Zwei Käferformen von elfjährigen Jungen. Arbeiten, bei denen neben formalen Erkenntnissen eine Reihe von Materialerfahrungen mit Blech und Draht gemacht werden.

222, 223: Aus Aluminiumfolie von Schulanfängern gefertigte und mit Alleskleber aufgeklebte „Marienkäfer".

225 J 14

226 J 14

227 J 14

228 J 14

225 - 228: Themenstellungen aus dem Bereich der Technik finden beim Schüler immer ein besonderes Interesse. Das Thema „Auto" ist hier nicht unter funktionalem Gesichtspunkt, sondern unter bildnerischem Aspekt gestellt. Montage punzierter Weißblechstücke durch Nageln.

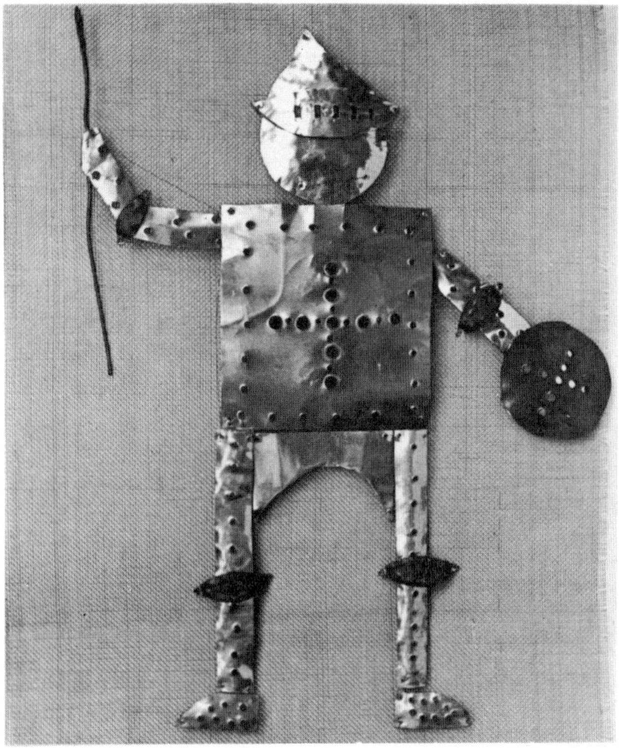

229 J 11

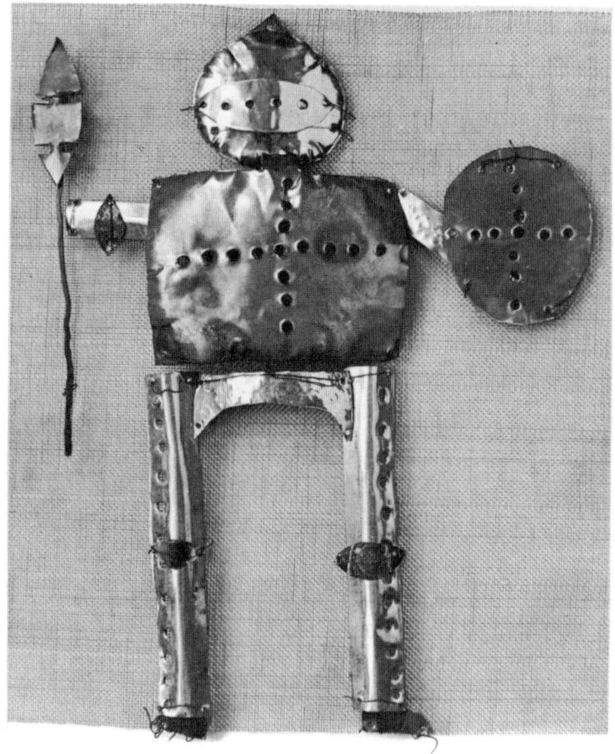

230 J 11

229, 230: Die inhaltliche Thematik „Ritter mit Rüstung" fordert unmittelbar zu einer Auseinandersetzung mit dem Werkstoff Metall heraus. Sie entspricht auch dem Interesse und Erfahrungsbereich des Elfjährigen. Die bildnerische Ordnung wird sowohl von dem verwendeten Material Blech, von dem additiven Verfahren des Montierens als auch von den benutzten Werkzeugen bedingt. Die Teile, aus denen sich die Figuren aufbauen, wurden auf die Grundformen Quadrat, Rechteck, Kreis und Oval beschränkt. Einzelne Formen sind durch Treiben plastisch erhöht (230) und durch Lochen weiter gegliedert und gemustert. Die Verbindung mit dem Drahtgewebegrund erfolgte durch dünne Drähte. Eine Verwendung verschieden farbiger Bleche und Folien ergibt eine feine Farbakzentuierung. Reiche Farbigkeit ergibt sich, wenn das Blech mit der Lötlampe mäßig erhitzt wird, so daß es „anläuft".

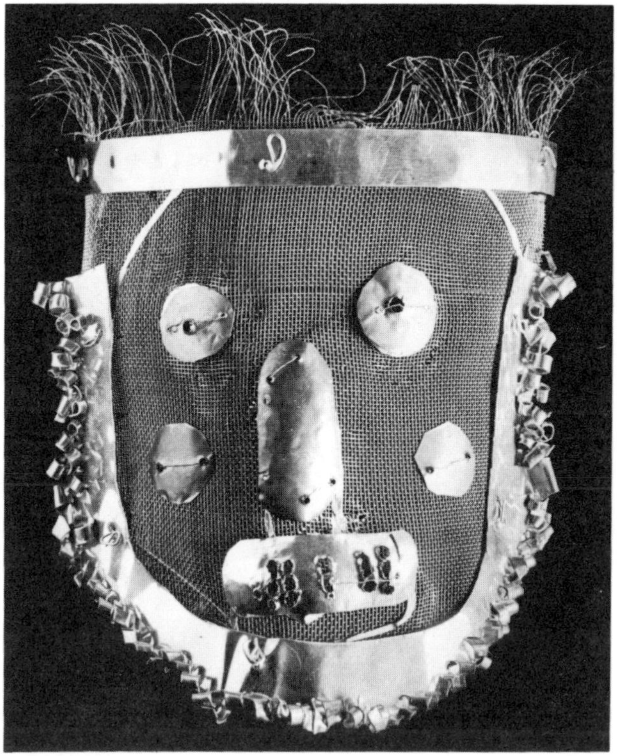

231 J 12

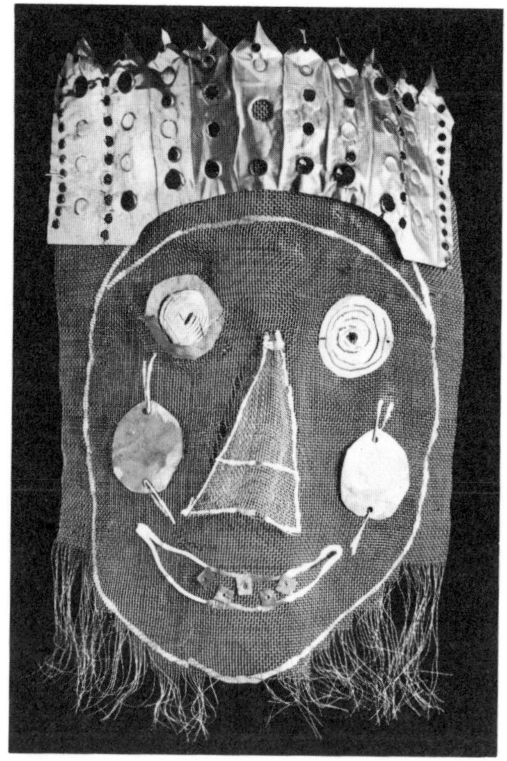

232 J 12

231: Das Thema „Maske" bietet für die Metallarbeit, insbesondere für das montierende Verfahren, interessante Möglichkeiten. Auf eine Grundfläche aus Drahtgewebe hat hier der Schüler Weißblechformen aufmontiert. Die Löcher, die den Verbindungsdraht aufnehmen, hat er gleichzeitig als bildnerische Formen verwertet. Der spannungsvolle Ausdruck der Gesamtform beruht auf dem Kontrast zwischen den glatten glänzenden Blechteilen und dem matten strukturierten Gewebegrund.

232: Neben der Fläche tritt die Linie als bildnerisches Element in Erscheinung. Mit aufgehämmertem weichem Aluminiumdraht wurden das Gesicht, der Mund, die Nase und die Augen von dem Gewebegrund abgegrenzt und näher gekennzeichnet. Eine aus dünnem Messingblech geschnittene und gelochte Krone schließt die Gesichtsform nach oben ab.

233

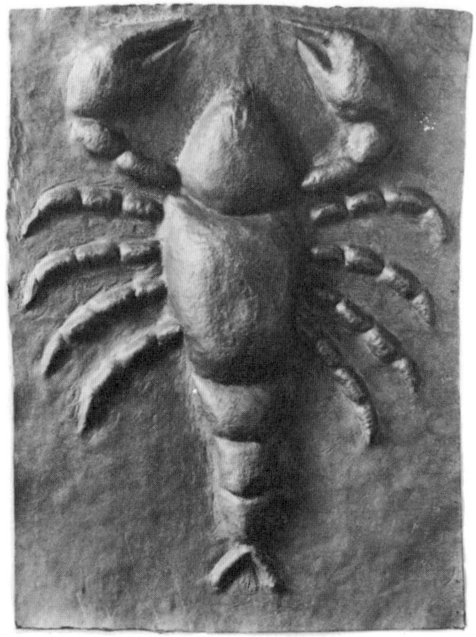

235

234

233: Die gegenständliche Form einer Seequalle ist durch das Mittel der strukturierten Fläche in eine Bildform umgesetzt. Da sie sich von dem unstrukturierten Grund abhebt, bedarf sie keiner besonderen Umgrenzungslinie. Arbeitsverfahren: Kombination von Drücken und Lochen.

234: Seestern, der mit zwei kugelig gefeilten Nägeln von verschiedener Stärke in Kupferblech gepunzt wurde. Nach einer Dunkelfärbung in Schwefelleber sind die erhabenen Stellen mit Stahlwolle wieder blank gerieben worden. Material: Kupferblech, 0,6 mm stark.

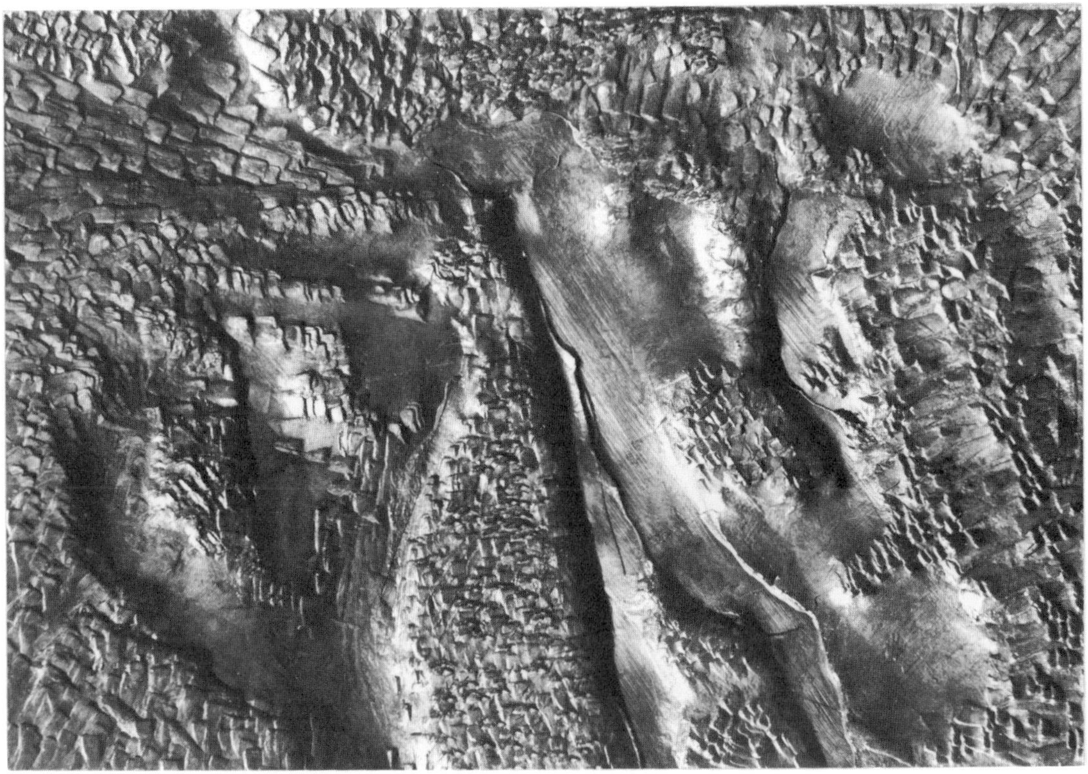

236 S

TREIBEN

Der Vorgang beim Treiben ist in seinen Grundzügen der gleiche wie beim Drücken und Punzieren. Das Material wird auf einer Unterlage, die weicher ist als der Werkstoff selbst, gedehnt und plastisch verformt. Als Treibwerkzeuge können für größere Wölbungen Plastikhämmer und Kugelhämmer, für kleinere Formen Punzen aus Hartholzrundstäbchen verwendet werden. Ein sehr weiches und dehnfähiges Material ist neben Aluminiumblech das Bleiblech, wie die Abbildungen 235 und 239 zeigen. Die Tierformen 237 - 239 wurden auf einer weichen Dämmplatte als Hohlplastiken getrieben.

237

238

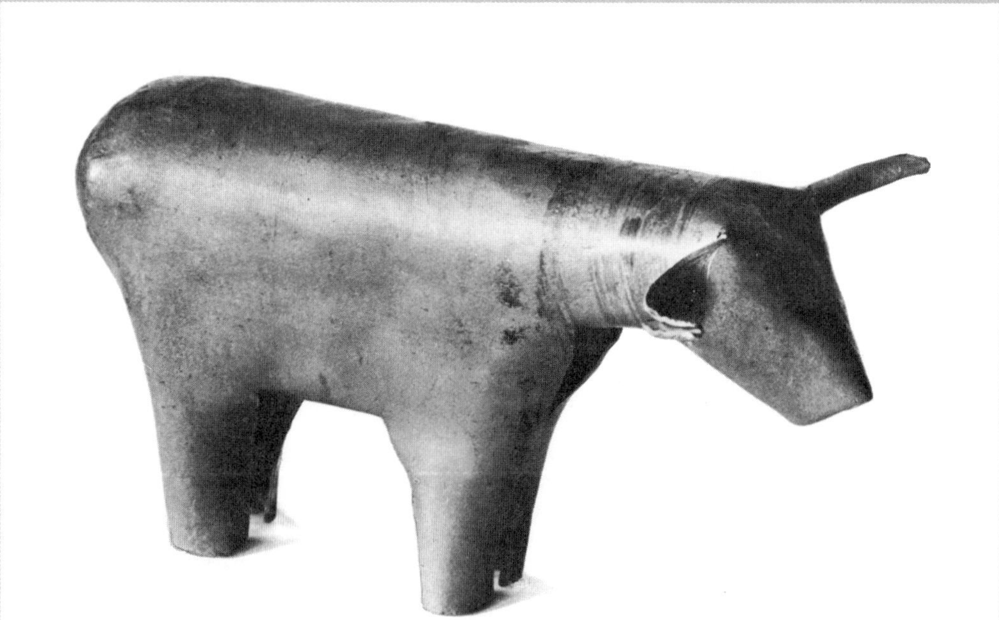

239

240

GEFÄSSE

Für das Herstellen von Gefäßen aus einem Stück Blech gibt es zwei Arbeitsverfahren: das Auftiefen und das Aufziehen. Die Gefäßformen auf Abb. 240 sind durch Auftiefen entstanden. Hierbei wird die zugeschnittene Kreisfläche auf ein Hartholzstück, welches auf der Stirnseite eine Vertiefung hat, gelegt und mit dem Treibhammer ausgebeult. Dabei arbeitet man von der Kreismitte aus spiralförmig nach außen. Da das Material durch den Streckvorgang härter und spröder wird, muß es nach jedem Arbeitsgang ausgeglüht und gebeizt werden. Beim Auftiefen werden die Wand- und Bodenflächen stark gedehnt, die Randzonen dagegen bleiben fast unverändert.

Das Urbild der gewölbten flachen Schalenform ist die geöffnete hohle Hand. Für den Gestaltungsvorgang ist es wichtig, daß die Form in Boden und Wand klar gegliedert wird und daß die Maßverhältnisse dieser beiden Formteile gut aufeinander abgestimmt werden. Material: weiches Kupferblech, 0,8 mm stark.

241

242 S

243

244 S

245 S

Das Aufziehen (s. techn. Hinweise) bietet eine weitere Möglichkeit, um Hohlformen aus Blech zu treiben. Das Verfahren zwingt zu einfachen Formen und damit zur Beschränkung auf das Wesentliche. Die wichtigsten Teile des Gefäßes wie Boden, Wand und Öffnung, müssen in ihrer Größe und Form zueinander in Beziehung gesetzt werden. Besondere Beachtung verdient die Führung der Wandung. Sie kann leicht konkav nach außen schwingen (241 linker Becher), sie kann geradlinig schräg nach außen verlaufen (242), oder sie kann auch leicht gewölbt sein (243, 244). Bei dem mittleren Becher auf Abb. 241 wurde die Wölbung der oberen Wandzone spannungsvoll zu der geradlinig verlaufenden unteren Zone in Gegensatz gesetzt. Einige weitere Möglichkeiten der Gliederung von Gefäßen zeigen die Abbildungen 244 und 245.

241: Becherformen mit unterschiedlicher Wandführung. Material: weiches Kupferblech, 0,8 mm.

242: Die Randzone des linken Bechers wurde mit Hilfe eines Schrotmeißels zusätzlich strukturiert.

243: Die natürliche Werkzeugspur des Planierhammers und die Färbung mit Schwefelleber bewirken die lebendige Oberflächenstruktur.

244: Durch den emaillierten Rand erfährt die Gefäßform eine weitere farbige und formmäßige Akzentuierung.

245: Aus Silberblech aufgezogenes Gefäß, anschließend glatt geschliffen und poliert.

246

247

248

249

250

Zu den Gefäßformen, die wir aus Metall herstellen können, gehören auch Dosen und kubische Behälter. Bei diesen Arbeiten wurde das Verfahren des Hartlötens angewendet. Im Gegensatz zu den aufgetieften und aufgezogenen Formen, die aus einem Stück Blech getrieben wurden, haben wir es hier mit einem montierenden Verfahren zu tun, bei dem die einzelnen Teile wie Boden, Wandung und Deckel zusammengesetzt und verbunden werden.

246: Der geschlossene Ring als Serviettenhalter, z. T. mit Punzen gemustert.

247: Der Blechmantel für diese Gefäße wurde über Rundhölzern (Rohrstücken) gerundet und anschließend hart verlötet. Material: weiches Kupferblech, 1,2 mm stark.

248: Dosen mit Deckel, z. T. mit Schwefelleber dunkel gefärbt.

249, 250: Kästen aus Messing- und Kupferblech, Deckel gefärbt.

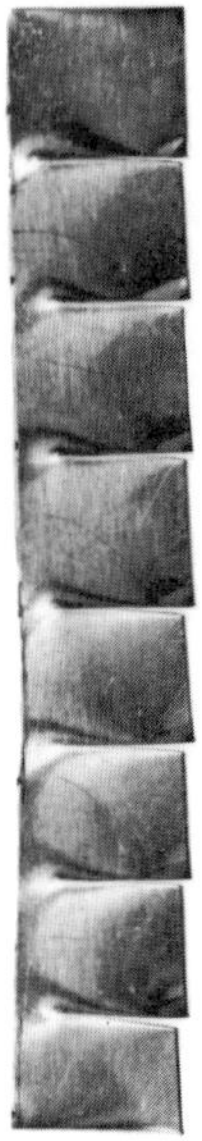

251 J 10

252 J 11

253 J 11

254 J 10

255

BIEGEN UND SCHNEIDEN

Eine intensive Auseinandersetzung mit dem Material Blech erfordert systematische Übungen. Die Abb. 251 bis 257 zeigen Beispiele aus einer methodischen Reihe, die mit einfachen Übungen beginnt und stufenweise zu differenzierteren Aufgaben fortschreitet. Ausgangsform ist ein rechteckiger Blechstreifen, der mit einer Goldarbeiterschere eingeschnitten wird.

251 - 253: Regelmäßiges Einschneiden von einer Seite. Verschiedene Breiten der Einschnitte und unterschiedliches Biegen. Material: Weißblech, 0,23 mm stark.

254, 255: Der Streifen ist von zwei Seiten eingeschnitten. Die natürliche Verformung des Blechs wurde durch zusätzliches Biegen und Rollen betont und weiter entwickelt.

256, 257: Interessante plastische Gebilde, die aus den Gesetzlichkeiten des Materials und des Schneidevorgangs entwickelt wurden.

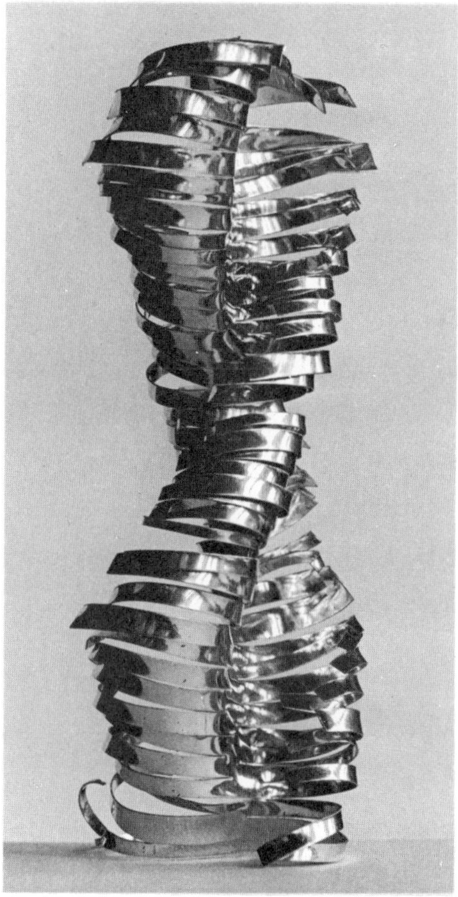

256

257

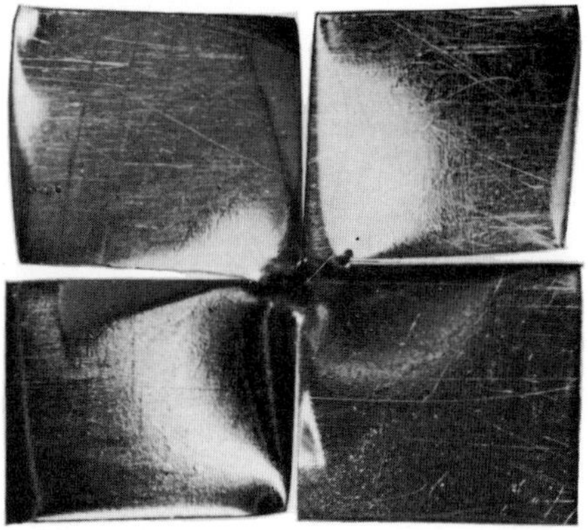

258 J 10

259 J 11

Das Blech hat genau wie das Papier eine Laufrichtung. Beim Herstellungsverfahren läuft es durch eine Walzenpresse und wird in dieser Richtung gestreckt. Das hat zur Folge, daß das Blech sich in der Walzrichtung schwerer biegen läßt. Diese Erfahrungen macht man, wenn man sich im entdeckenden und gestaltenden Spiel mit dem Werkstoff auseinandersetzt. Eine andere Erfahrung ergibt sich, wenn man die Wirkungsweise der Blechschere beobachtet. Beim Schneiden wird das Material „geschert", d. h. die Teile rechts und links des Schnittes werden nach oben bzw. nach unten gedrückt. Als Ausgangsmaterial für unsere Übungen dient hier ein quadratisches Stück Weißblech mit ca. 10 cm Seitenlänge.

258, 259: Einschneiden des Weißblechs durch horizontale, vertikale und diagonale Schnitte. Wird das Blech mit der Goldarbeiterschere in der Mitte geschnitten, so biegt sich der rechte Teil nach unten und der linke nach oben (258). Es entstehen räumliche Formen.

260 - 263: Wird ein schmaler Einschnitt an den Außenseiten des Blechstückes vorgenommen, so drückt die Schere je nach Lage das Blech einmal nach oben, das andere Mal nach unten (263). Diese Möglichkeiten des Biegungswechsels werden in den vier Beispielen bewußt als formales Mittel verwendet, um die Fläche zu ordnen und räumlich zu gliedern.

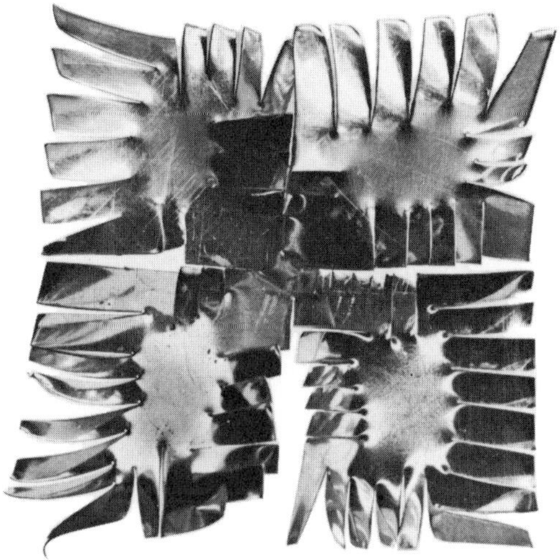

260 J 11

261 J 10

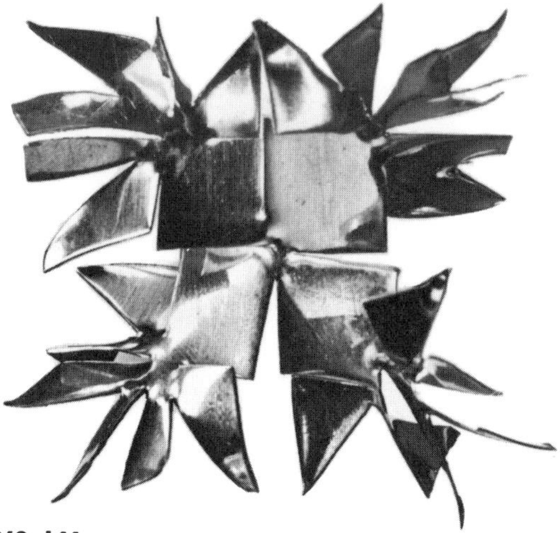

262 J 11

263 J 11

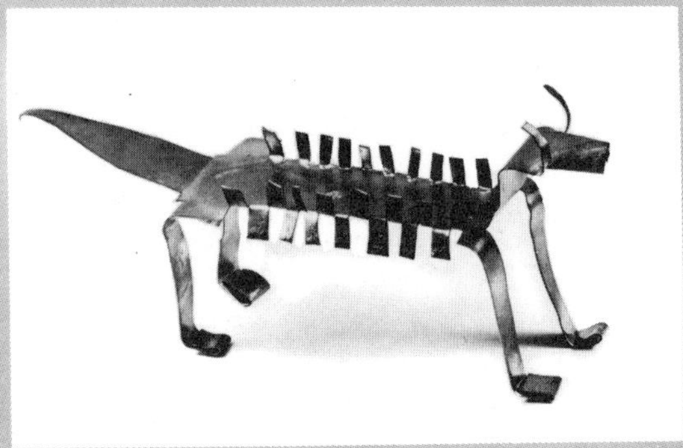

264 M 12

265 J 11

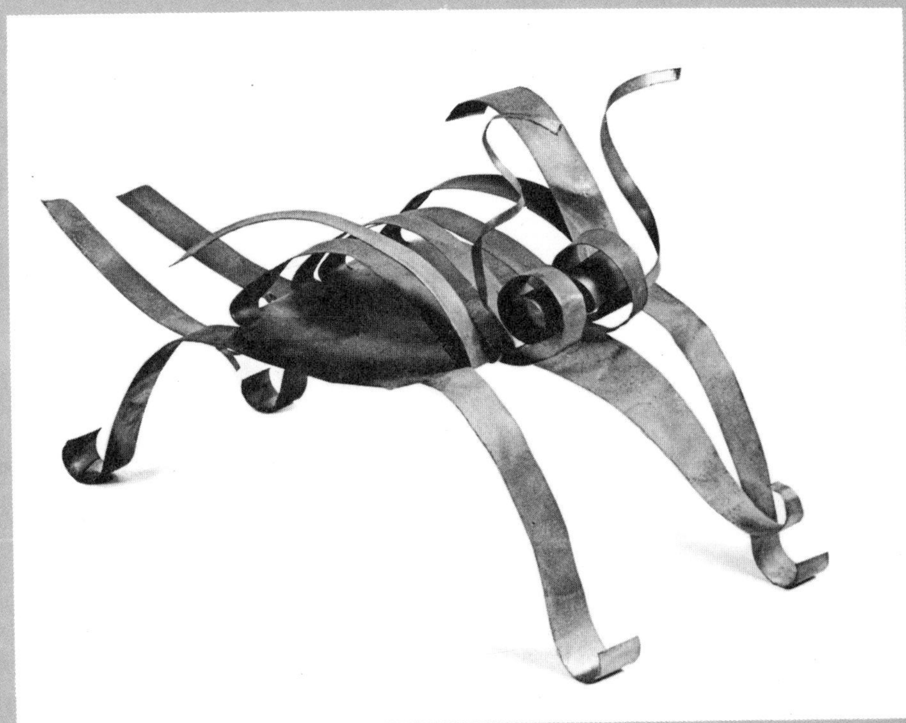

266

267

Die bei den vorangegangenen Übungen gewonnenen Erfahrungen sind hier an figürlichen Themen fruchtbar gemacht worden. Wichtig ist, daß der Gestaltungsvorgang durch sinnvolle Spielregeln gesteuert wird. Bei unseren Beispielen sollte ein rechteckiges Stück Blech mit der Goldarbeiterschere so eingeschnitten werden, daß vom Material nichts wegfällt. Die Einschnitte waren so abzubiegen, daß ein räumlich-plastisches Gebilde entsteht.

264: Zuerst wurde die Schmalseite eines Bleches (ca. 60 x 180 mm) gleichmäßig tief eingeschnitten und zu Beinen abgebogen. Aus den mittleren Blechteilen entstanden Kopf und Schwanz. Durch kleine Querschnitte, die wechselseitig nach unten und nach oben gebogen sind, wurde der Körper räumlich gegliedert.

265: Hier sollte ein Kriechtier durch seitliche Schrägschnitte geformt werden.

266: Der einheitliche Formaufbau wird u. a. dadurch bestimmt, daß nur Längsschnitte durchgeführt wurden. Das Weißblech wurde anschließend mit der Lötlampe matt gefärbt.

267: Aus einer flächigen Blechform entstand eine plastische Tierform mit starkem Ausdruck.

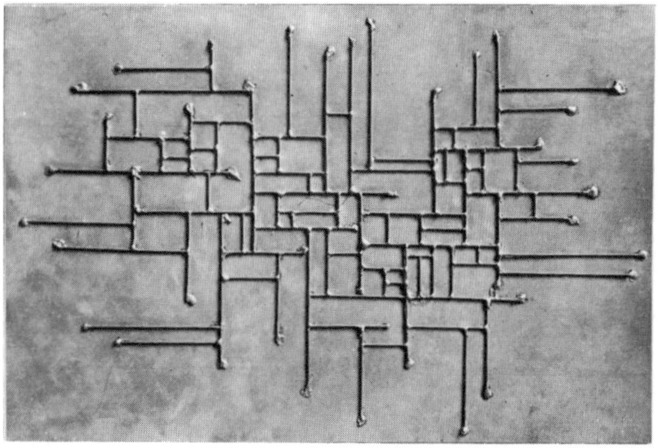

268 S

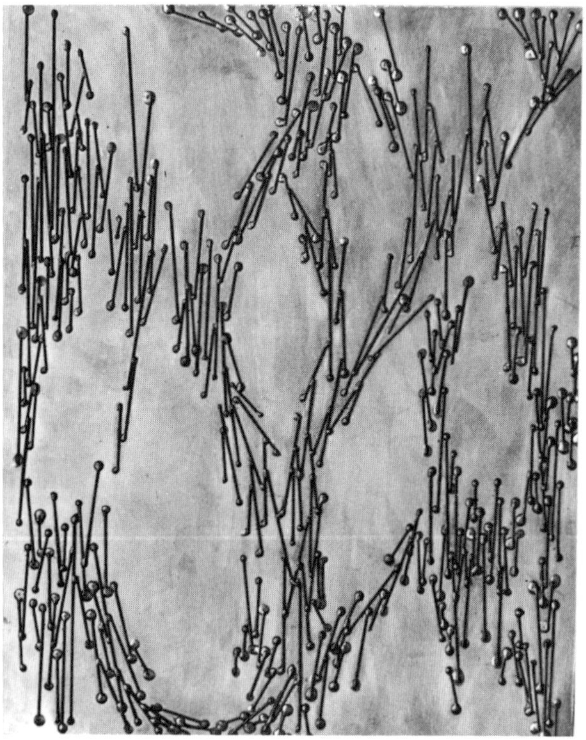

269 S

RELIEF DURCH LÖTEN UND NIETEN

Wird ein Draht auf eine Grundfläche aus Blech aufgelötet, so entsteht durch die Körperhaftigkeit des Materials eine flachräumliche Wirkung (268). Diese Wirkung kann gesteigert werden, wenn die Drähte in mehreren Lagen übereinander angeordnet werden (271).

268: Flächengliederung durch horizontal und vertikal gerichtete Drähte. Die Linie tritt hierbei als flächenbildendes Element auf. Verdichtung im Zentrum und Auflösung in den Randzonen bilden die Kompositionsmittel.

269: Kurze Drahtstücke dienen als Strukturelemente für rhythmische Bewegungsabläufe. Leere Flächenteile werden zur Form. Die Lötstelle wird bewußt als bildnerisches Mittel (Punkt) eingesetzt.

270: Dicht aneinandergelötete Drähte bilden eine Flächenbahn.

271: Räumliche Ordnung aus mehreren Drahtlagen, die übereinander gelötet wurden.

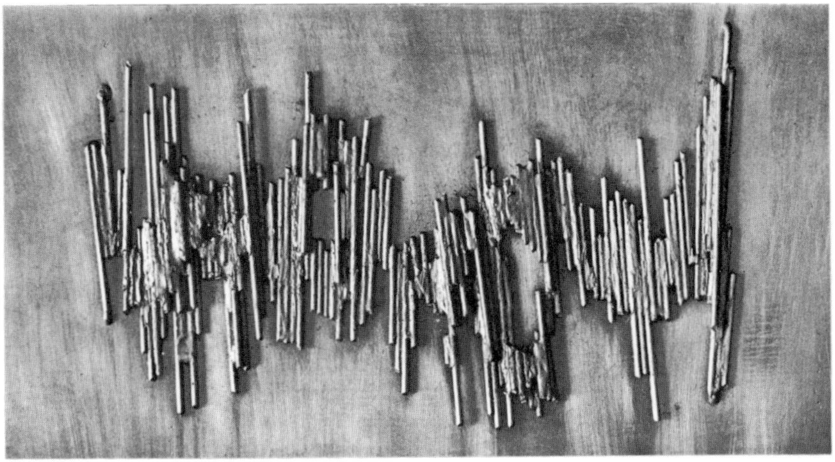

270 S

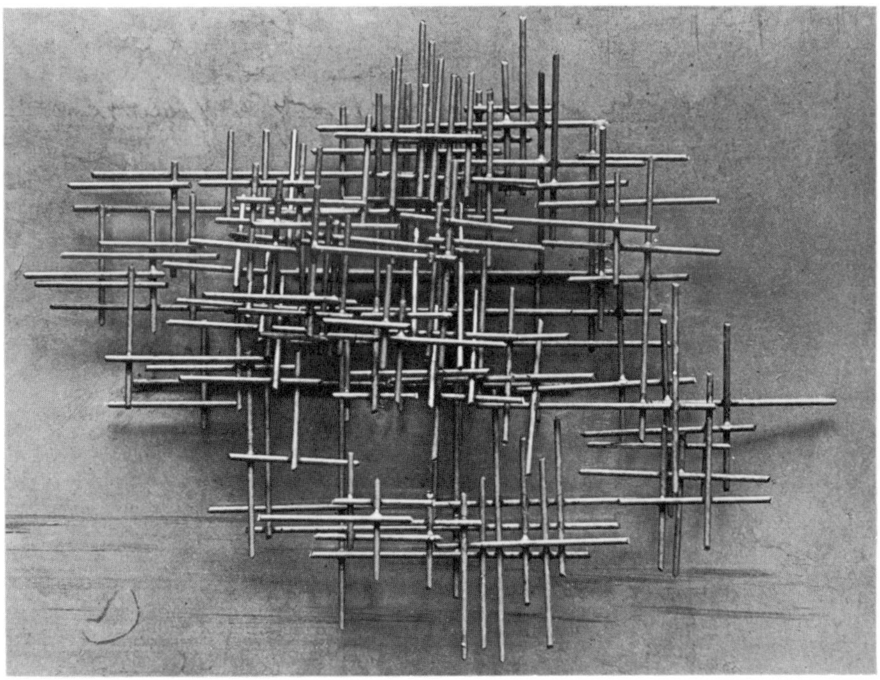

271 S

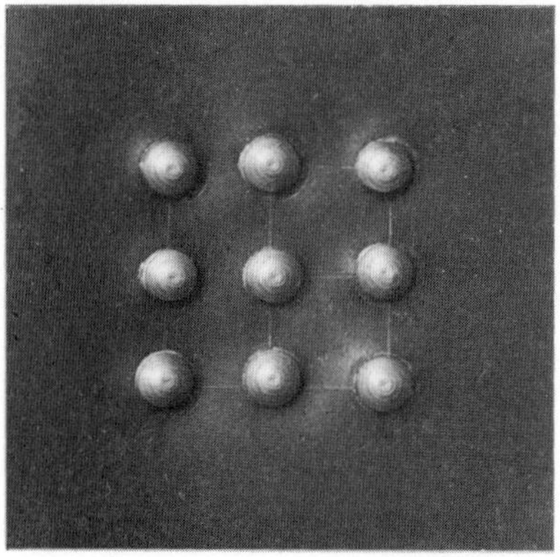

272 L

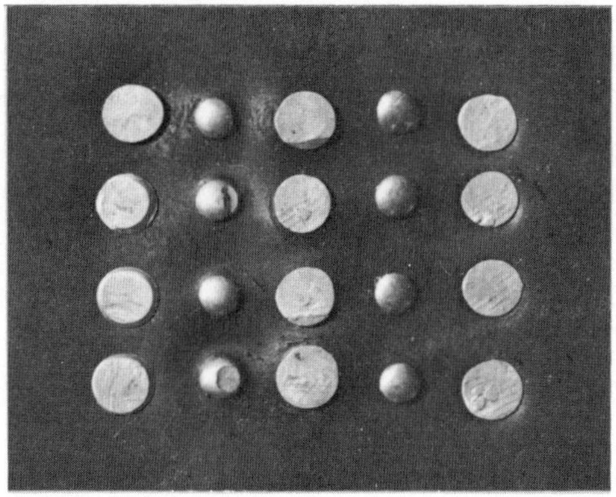

273 L

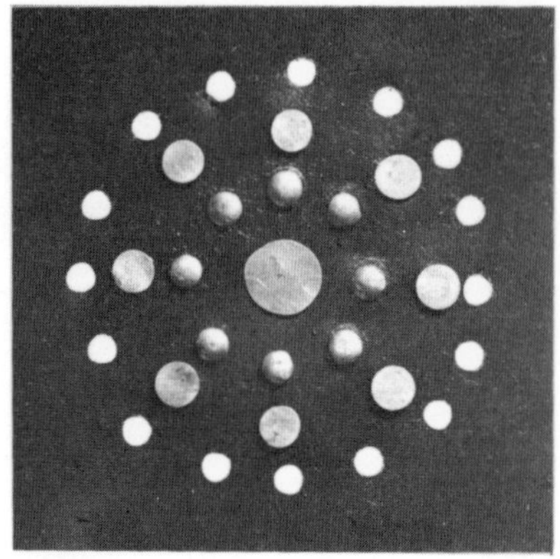

274 L

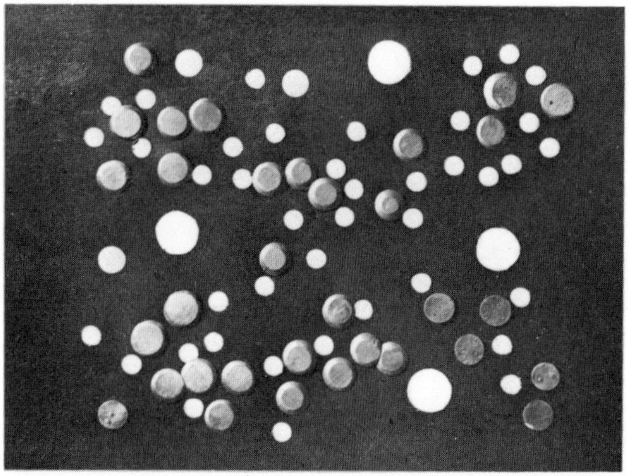

275 L

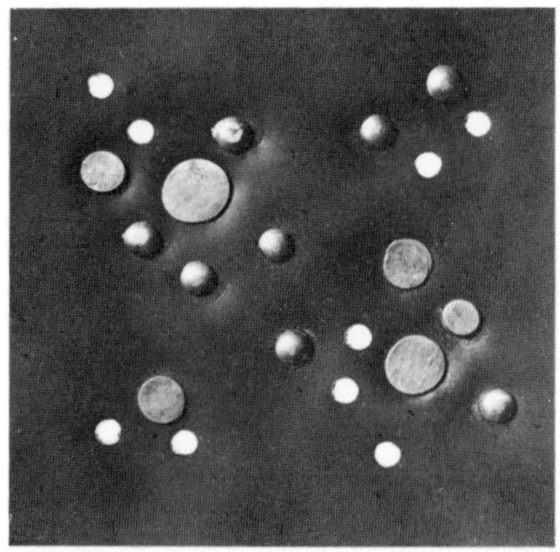

276 L

Die eigentliche Funktion des Nietens besteht darin, zwei Metallteile fest miteinander zu verbinden. In den Beispielen auf dieser Seite wurde der Niet nur als bildnerisches Element verwendet. Der Niet hat in seiner Form einen punkthaften Charakter. Durch Klopfen kann er in seiner Größe so verändert werden, daß er sich bis zur Fläche ausweitet.

272, 273: Strenge Reihung. Nietköpfe bei 273 z. T. flachgeklopft.

274: Kreisförmige Reihung. Punktelemente sind Löcher, Nietköpfe und flachgeschlagene Nietköpfe.

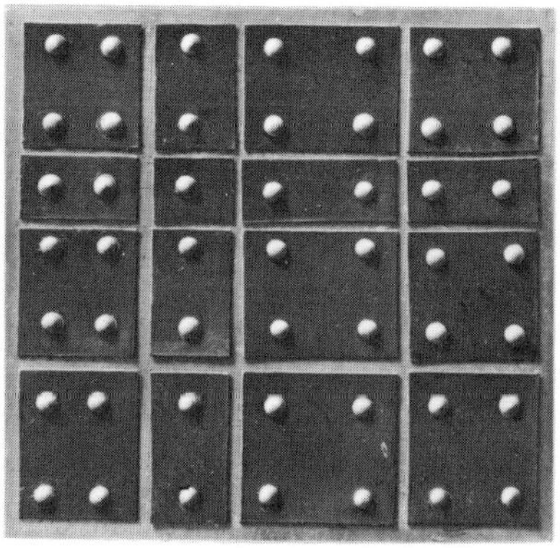

277

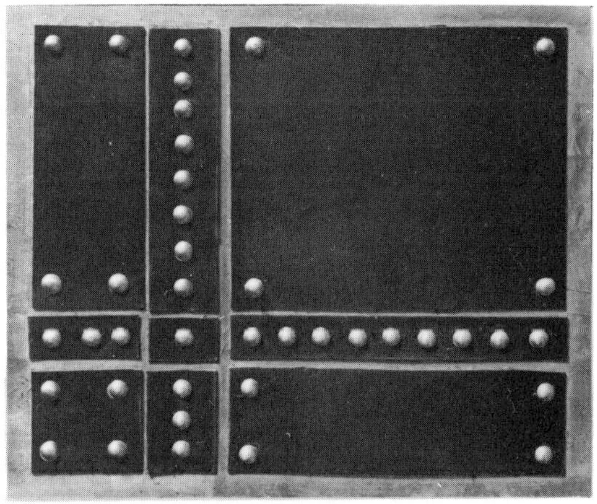

278

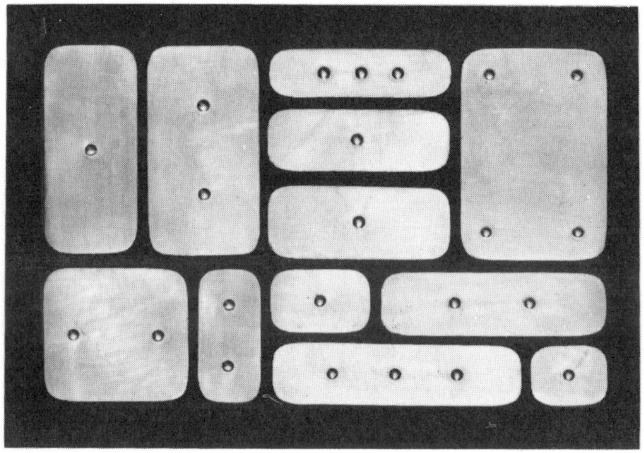

279

280

275, 276: Streuung mit Schwerpunktbildung. Kontrast von kleinen und großen Löchern und Nietköpfen.

277 - 280: Hier tritt der Niet sowohl als Verbindungselement als auch als Bildelement in Erscheinung. Auf einer Fläche sind Formteile mit Hilfe der Nietverbindung aufmontiert. Eine Fläche war durch Aufschneiden in rechteckige Formen zu gliedern. Die entstandene Gesamtform sollte mit einer Grundfläche verbunden werden, wobei der Niet als punkthaftes Element oder als Punktreihe formal mit einzubeziehen war. Die Zwischenräume der auseinandergezogenen Blechteile nehmen dabei den Charakter von Linien an.

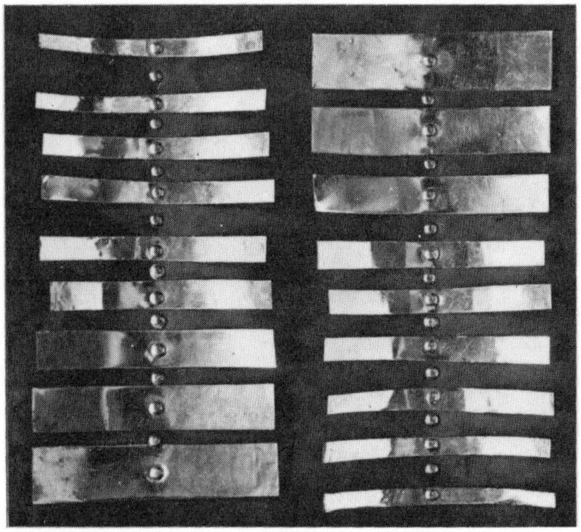

281

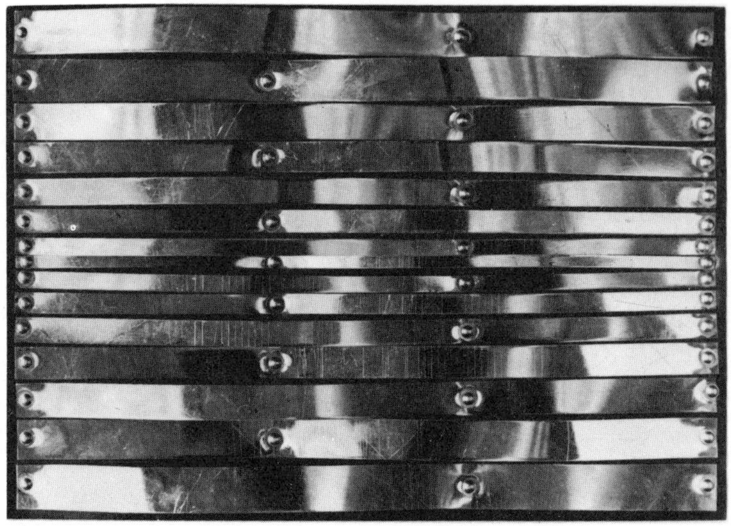

282

283 S

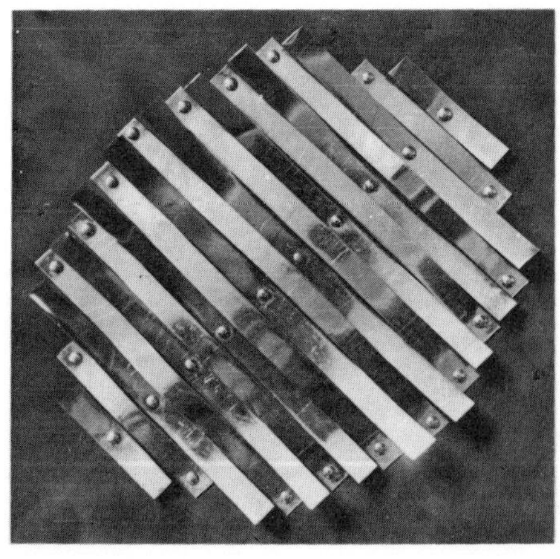

284

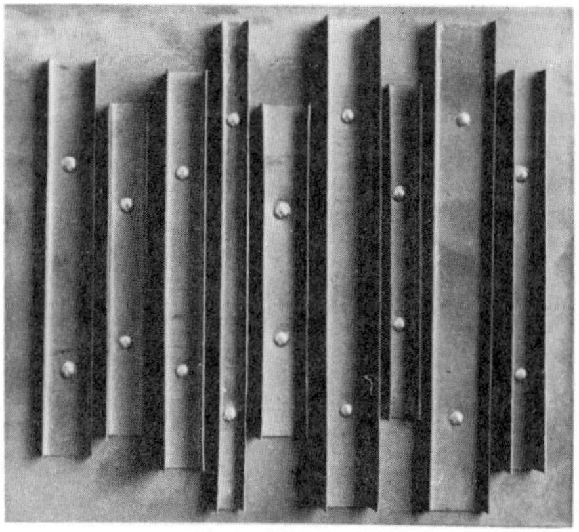

285

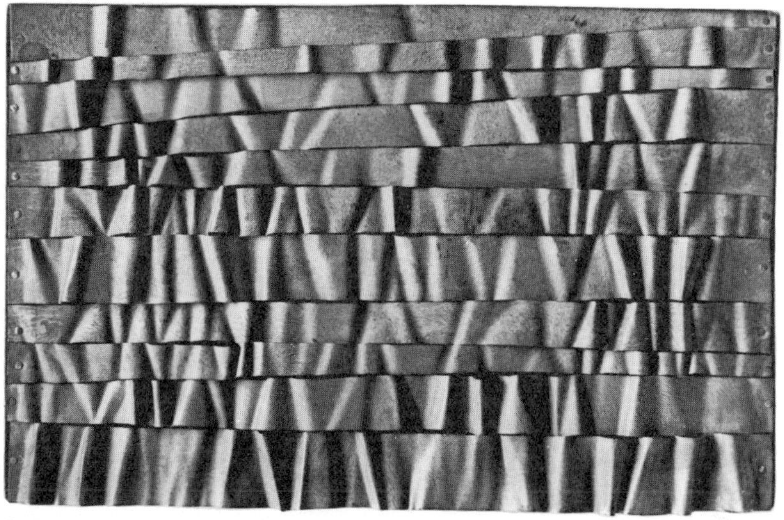

286

Das Ausgangsmaterial für unsere Beispiele ist der Blechstreifen aus Weißblech oder Schwarzblech. Seine bandartig gestreckte Form drückt Richtung und Bewegung aus. Er kann in horizontaler, vertikaler und diagonaler Grundrichtung angeordnet werden. Seine bildnerischen Möglichkeiten sind vielseitig: als Material kann er gebogen, geknickt, gefaltet und zu verschiedenen Profilen verformt werden.

281: Vertikale Reihung von konkav gebogenen Blechstreifen. Entgegengesetzte Bewegungsabläufe.

282: Horizontale Anordnung von gewölbten Streifen. Nach der Mitte orientierte fließende Bewegung.

283: Stark rhythmisierter Bewegungsablauf. Die Streifen wurden auf eine Holzplatte aufgenagelt.

284: Konvexe und konkave Formen im Wechselspiel. Die Diagonalwirkung der Gesamtform bewirkt den dynamischen Charakter.

285: Blechstreifen aus dünnem Schwarzblech wurden zu U-Profilen abgekantet und aufgenietet.

286: Gefaltete Blechbänder aus Weißblech, die mit der Lötlampe erhitzt und matt gefärbt wurden.

287 S

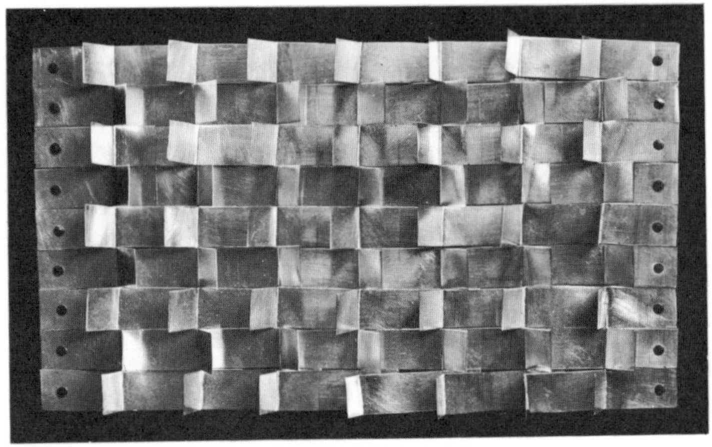
288

289 S

290

291

292 S

Das Weißblech hat als Material die Eigenschaft, das Licht zu reflektieren. Gebogenes Blech wirft das Licht unregelmäßig zurück und es entstehen erhebliche Helligkeitsunterschiede. Dieses lebendige Spiel von Licht und Schatten, von Hell und Dunkel sollte mit in die Gestaltung einbezogen werden.

287: Rhythmisch gegliedertes Relief aus dreieckigen Grundelementen. Die Verbindung der einzelnen Formteile erfolgte durch Löten.

288: Abgewinkelte Blechstücke sind durch Nageln zu einer räumlichen Ordnung zusammengefügt. Das Spiel von Licht und Schatten ergibt sich durch die verschieden abgebogenen Weißblechstücke.

289: Aufgefaltete Streifen wurden in zwei Formgruppen spannungsvoll in Beziehung gesetzt.

290: Konkave Rundformen in räumlicher Überlagerung und im Wechsel von groß und klein.

291: Ineinandergesetzte kastenförmige Elemente bilden ein flachräumliches Gefüge.

292: Ein gutes Beispiel dafür, wie mit der Beschränkung auf ein Element eine überzeugende Lösung erzielt wurde. Material: Weißblech, 0,23 mm stark.

293 S

294 S

Ähnlich wie bei den bisherigen Reliefaufgaben wurde auch hier jeweils nur ein Formelement abgewandelt. Die Spielregel legt Material, Werkverfahren, Ausgangsform und Ordnungsprinzipien fest.

293: Weißblechstücke, die über einem Rundholz zu einer halben Röhre gebogen wurden, bilden die Elemente für eine organisch bewegte Reliefform.

294: Unterschiedlich große Winkelformen wurden zu einem zellenartigen Gebilde zusammengelötet, wobei die mittlere Zone durch ihre kleinteilige Struktur wirkungsvoll zu den Randzonen kontrastiert.

295 S

295: Diese Reliefarbeit wird von einem feinen Spiel aus Licht und Schatten überzogen. Die zahlreichen Hell-Dunkel-Stufungen bringen das Ganze in eine schwingende Bewegung und erzeugen eine facettenhafte Wirkung, ein Beispiel dafür, wie stark die Lichtreflektion des glänzenden Weißblechs ist. Als Ausgangsform wurden Blechstreifen gewählt, die eine unterschiedliche Breite haben und die mit der Flachzange mehrmals winklig abgebogen wurden. In einer symmetrischen Ordnung zusammengefügt, ergeben sie eine interessante Reliefkomposition.

296 L

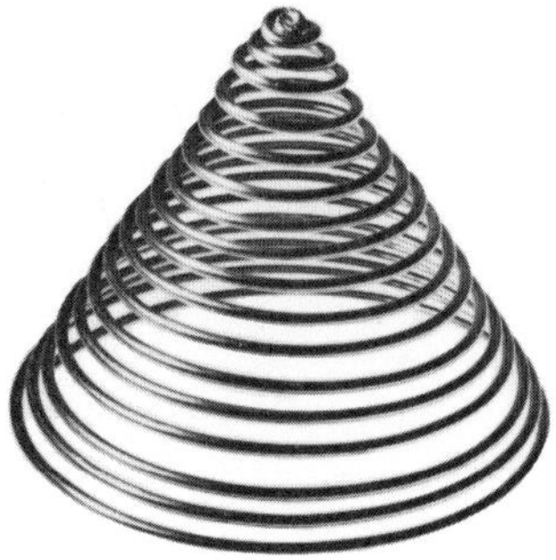
297 L

298 L

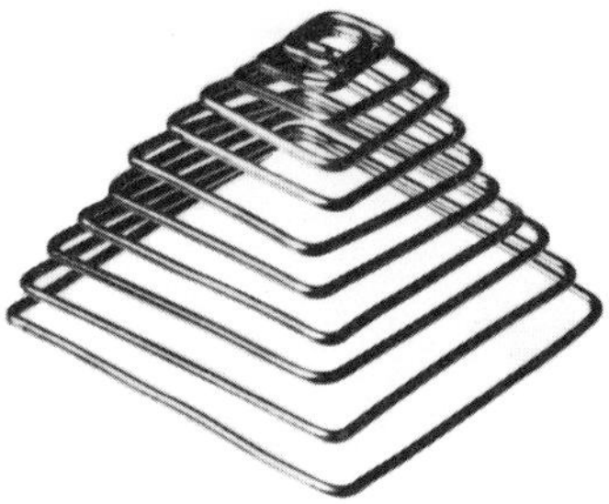
299

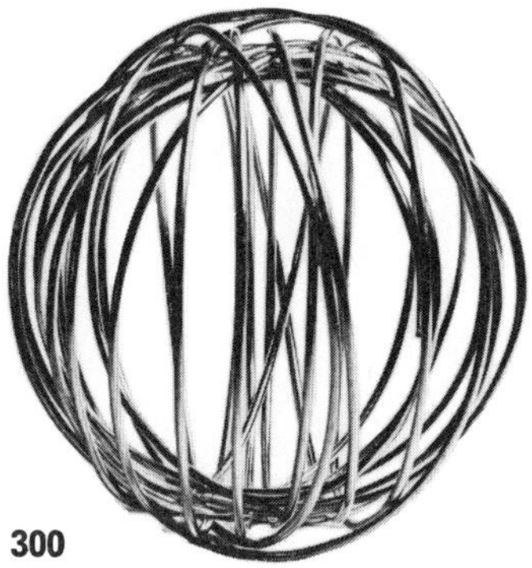
300

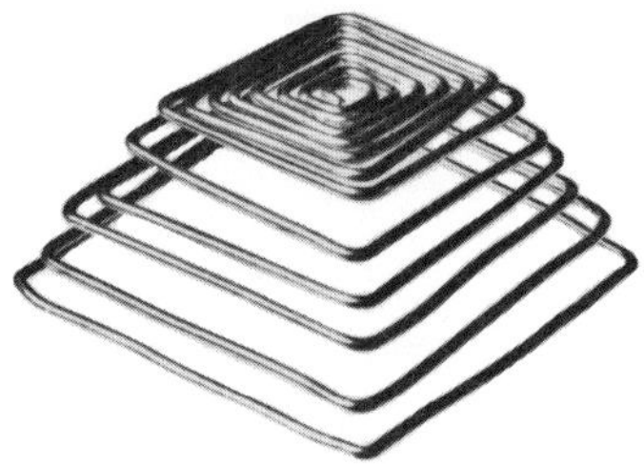
301

302 L

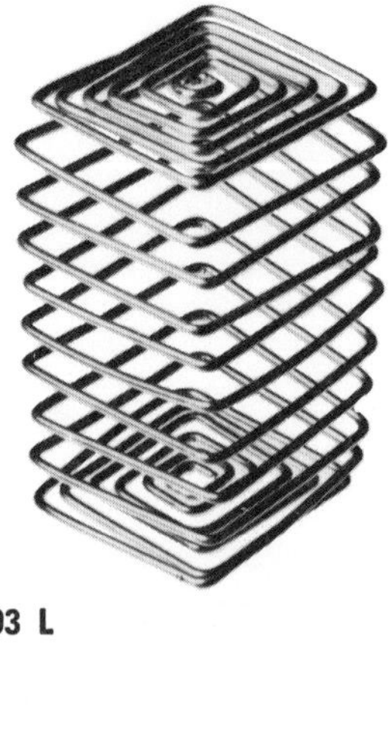
303 L

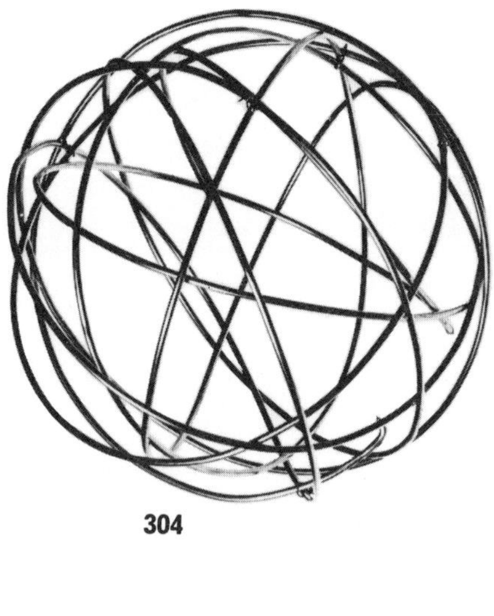
304

305

306 L

Konstruktiv-räumliches Gestalten

DRAHT

Im Bereich des konstruktiv-räumlichen Gestaltens besitzt der Draht vielseitige Verwendungsmöglichkeiten. Seine Festigkeit erlaubt es, ihn in den Raum zu führen und mit ihm Räume zu umgrenzen. Bei den ersten Übungen beschränken wir uns auf die Gestaltung von einfachen Grundformen und deren Abwandlungen. Die Beispiele auf diesen beiden Seiten stellen eine methodische Reihe dar, die zur Weiterentwicklung anregen soll. Material: Aluminiumdraht, 1,5 mm und 2 mm.

296, 302: Die in den Raum sich windende Spirale umgrenzt einen zylinderförmigen Raum. Er kann oben und unten durch eine flächige Spirale abgeschlossen werden.

297, 299, 301: Der Kegel, die vierseitige Pyramide und der Pyramidenstumpf als Grundformen.

298, 303: Der Quader ist eine Elementarform des Bauens. Seine vertikale Richtung drückt Statik aus. Raumformen, die aus Draht gebildet werden, haben eine transparente Wirkung, da sowohl ihr Innenraum als auch ihre Rückseiten sichtbar sind.

300, 304 - 306: Die Kugel als Grundform des Plastischen und ihre Abwandlungen.

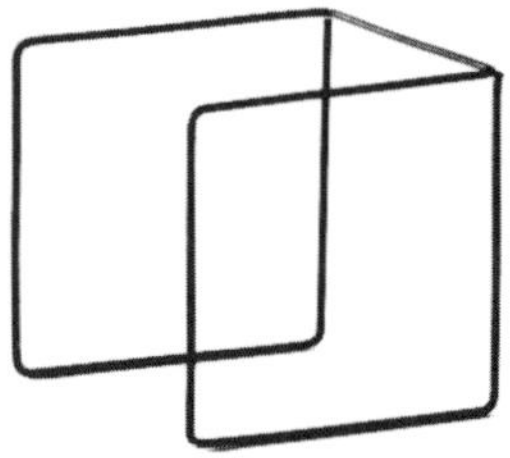

307

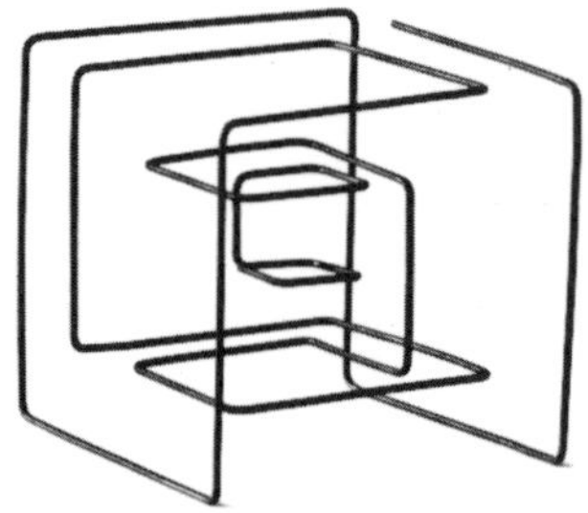

308

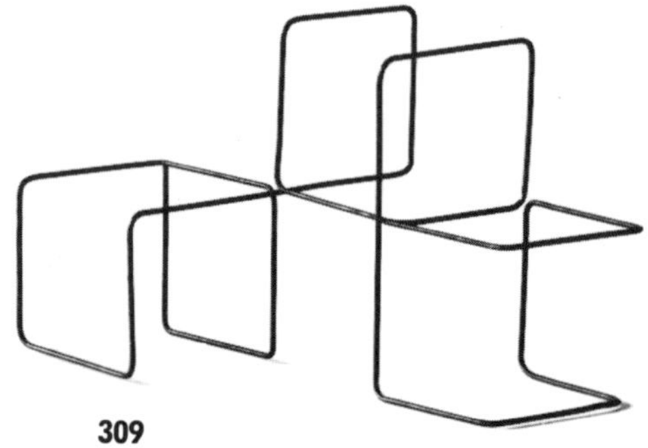

309

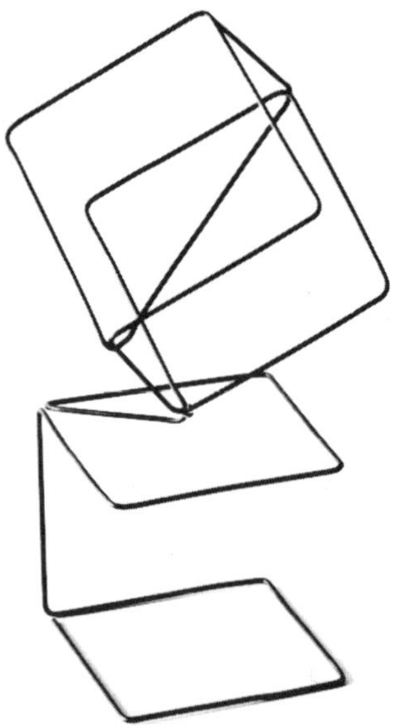

310

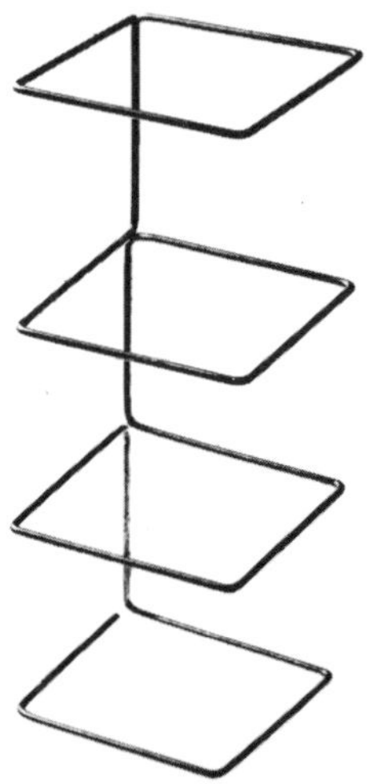

311

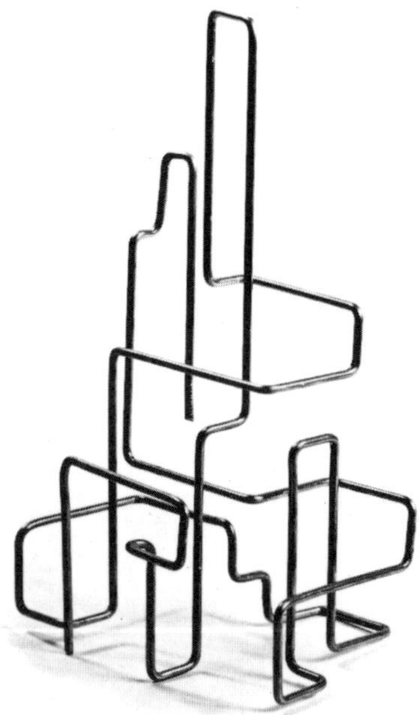

312

307, 308: Aus der ersten Aufgabe, einen Würfelraum mit Draht zu umgrenzen, entwickelt sich die zweite Aufgabe, den entstandenen Binnenraum weiter räumlich zu gliedern (308).

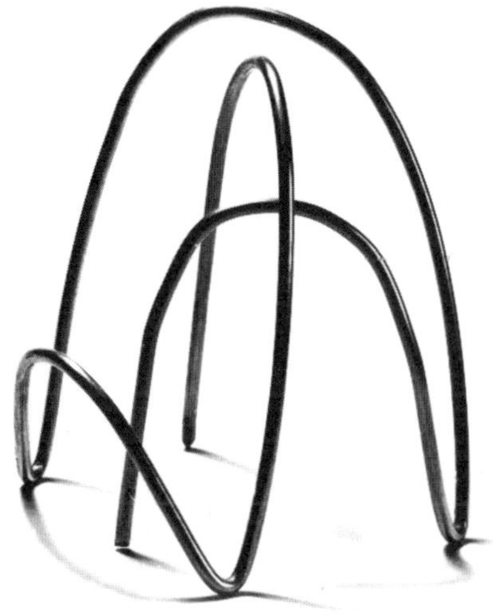
313

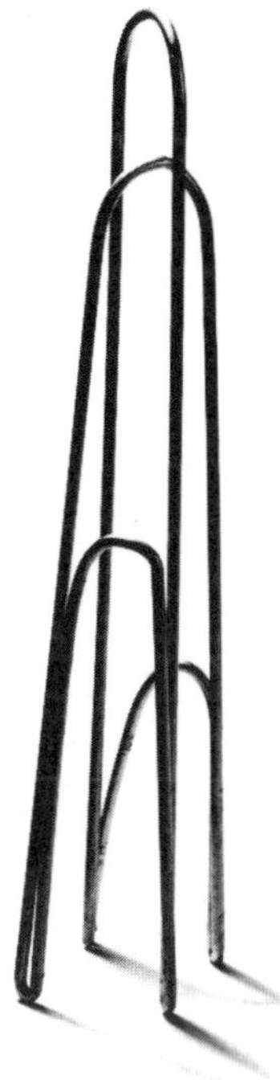
314

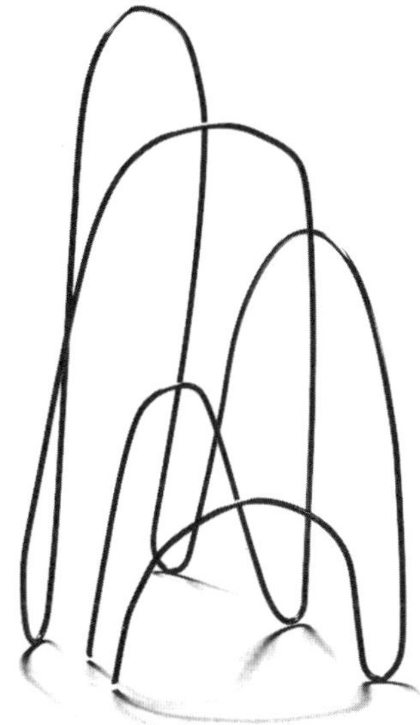
315

309: Aus einem Stück Draht sollte eine Komposition aus mehreren Würfelformen entwickelt werden.

310: Die Spannung dieser Drahtkomposition beruht auf dem Gegensatz von Ruhe und Bewegung. Auf dem stehenden unteren Würfel balanciert ein zweiter verkanteter Würfel auf einer Ecke.

311: Eine räumliche Ordnung, die aus übereinandergelagerten Flächen gebildet wird.

312: Die Aufgabenstellung bestand darin, einen Draht so in den Raum zu führen, daß eine ausgewogene Gesamtform entstand. Weitere Spielregeln: gerade Drahtführung und Richtungswechsel im rechten Winkel. Material: weicher Aluminiumdraht, 1,5 mm stark.

313 - 315: Die gebogene Drahtform. In der auf- und absteigenden Bewegung wird Raum eingefangen.

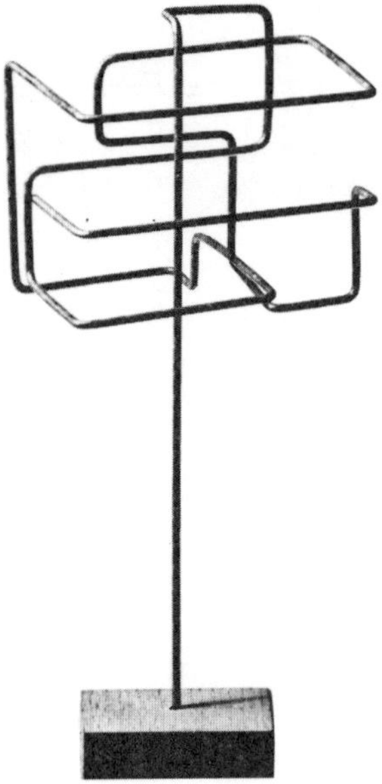

316

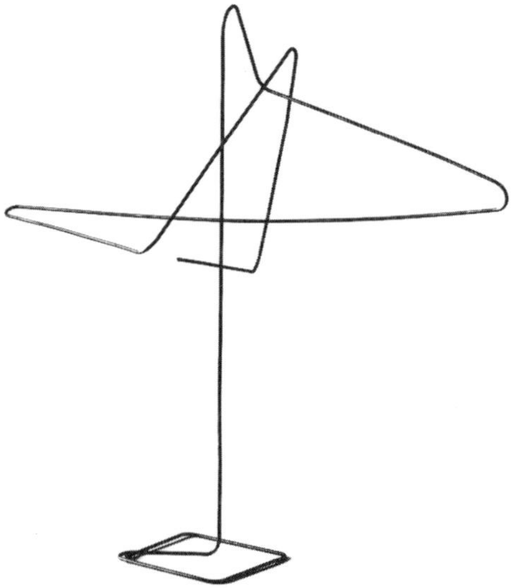

317

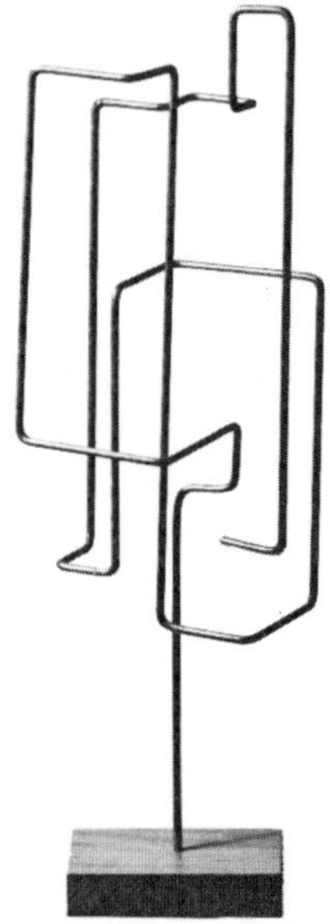

318

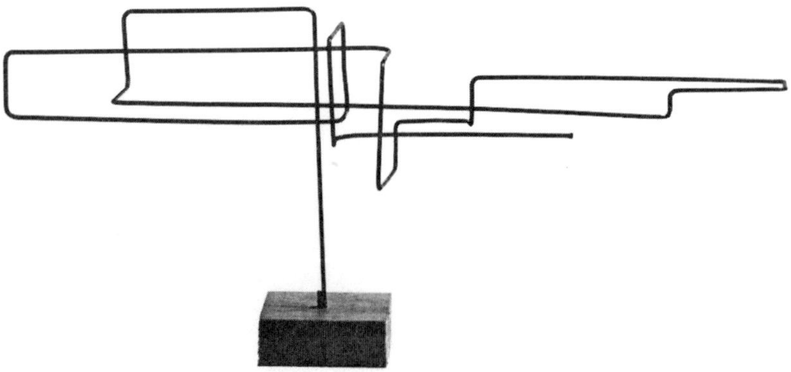

319

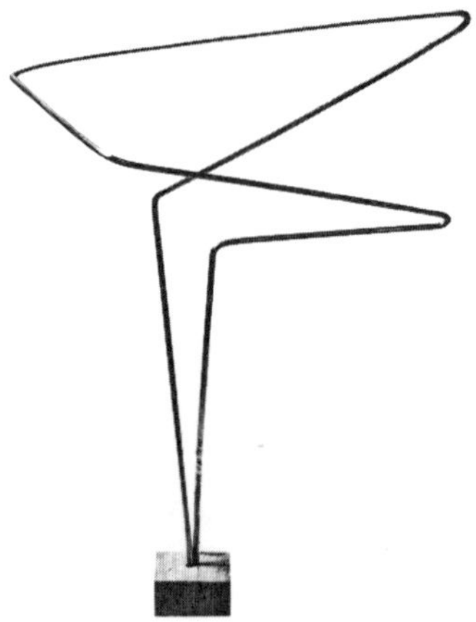

320

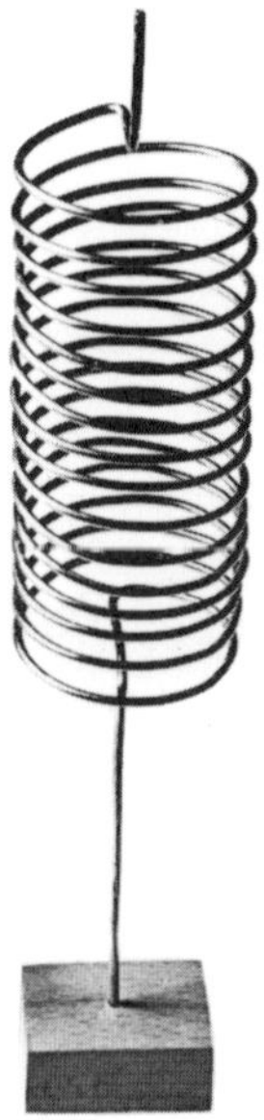

321 L

322 L

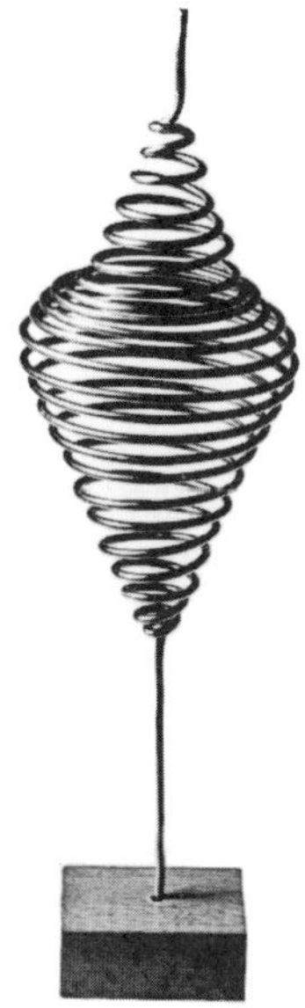

323 L

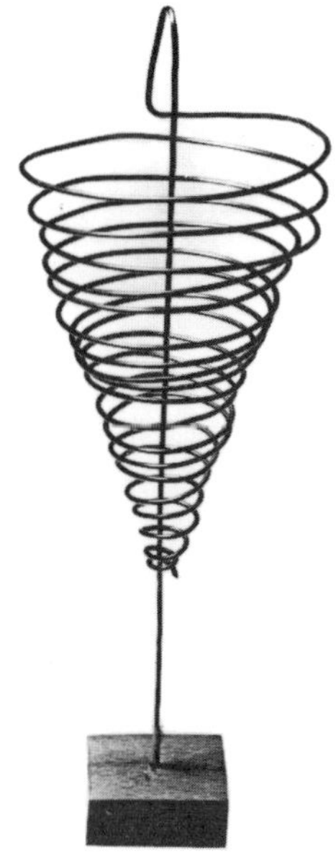

324

Eine plastische Form wird leichter, wenn sie vom Boden abgehoben wird und gleichsam im Raum schwebt. Bei den vorausgegangenen Übungen war der Boden die unmittelbare Standfläche. Hier wurde zur Aufgabe gemacht, den Schwerpunkt nach oben zu verlagern.

316: Ein würfelartiger Leerraum sollte durch den Draht aktiviert und vom umgebenden Raum abgegrenzt werden. Material: verzinkter Draht in Stangenform, 1,5 mm stark.

318, 319: Ähnliche Aufgabenstellungen, nur mit dem Unterschied, einen kubischen Raum mit betonter vertikaler und horizontaler Grundrichtung zu gliedern.

317, 320: Die Drahtführung wird nicht vom rechten Winkel, sondern vom spitzen Winkel bestimmt. Dadurch entstehen Formen mit Dreieckscharakter, die allseitig in den Raum vorstoßen.

321: Die über einem Rundstab gebogene Spiralfeder wird leichter, wenn sie vom Boden abgehoben wird.

322 - 324: Spiralformen, die sich einmal nach oben (322) und das andere Mal nach unten (324) kegelförmig schließen. Bei 323 ist die strenge Spindelform durch Zusammendrücken des oberen Teils bereits leicht abgewandelt.

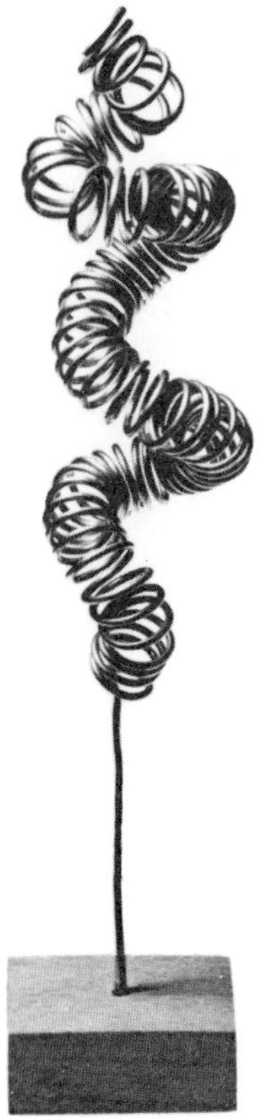

325

326

327

328

Im Gegensatz zu den Beispielen Seite 94, 95, die vornehmlich statischen Charakter haben, tritt hier eine ausgesprochen dynamische Wirkung in den Vordergrund. Das Grundthema dieser Aufgabenreihe ist die sich in den Raum windende Spirale.

325, 328: Das Spiralhafte wird in der Gesamtbewegung noch einmal aufgenommen.

326: Enge und weite Spiralführung werden wirkungsvoll in Spannung gesetzt.

327: Eine um einen Vierkantstab gewickelte Spiralform erhält durch Verdrehung gegenläufige Akzente.

329 - 331: Weitere Variationen zu dem Thema „schwebende Spiral- und Kugelformen aus Draht".

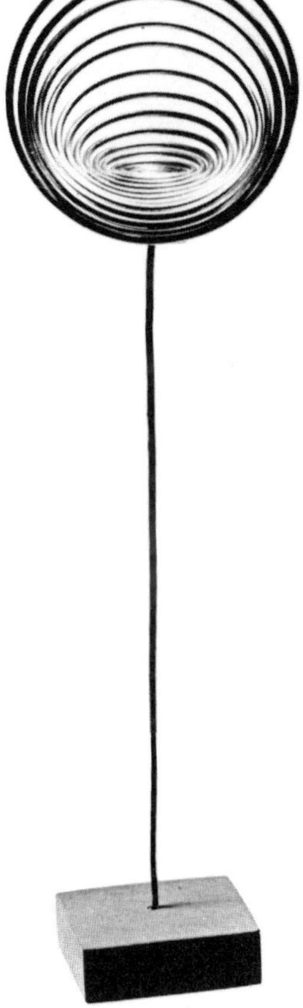

329 L

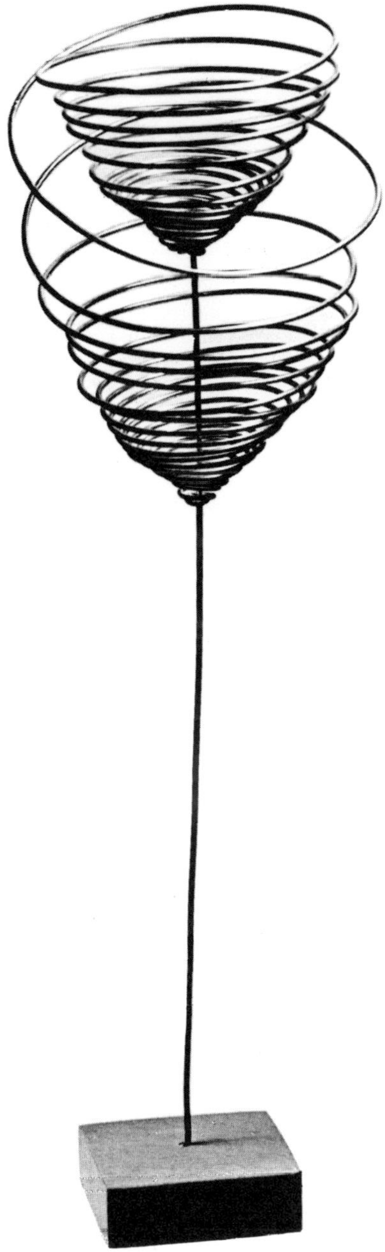

330

331

332

333

334

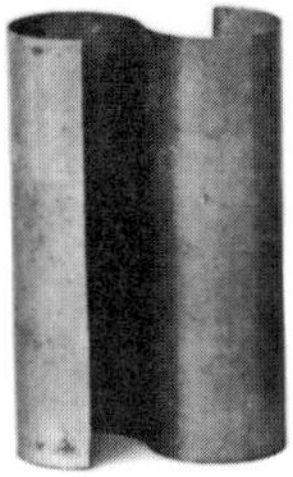

335

336

337

BLECH

Beim konstruktiv-räumlichen Gestalten mit Blech beginnen wir am besten mit einfachen Biegeübungen. Wir untersuchen die verschiedenen Möglichkeiten, das flächenhafte Blech räumlich zu gliedern. Dazu werden verschiedene Werkzeuge und Hilfsmittel benutzt. Das scharfkantige Biegen, das man auch als „Abkanten" bezeichnet, erfolgt mit Hilfe von Hartholzleisten oder Profilstählen (Flach- und Quaderstahl), die man in den Schraubstock einspannt. Das kantige Umschlagen des Blechs geschieht mit einem Holz- oder Plastikhammer. Für längere Blechstücke benötigt man eine Abkantbank. Bleche, die zylindrisch geformt werden sollen, biegen wir über stärkere Rundhölzer oder Rohrstücke. Man nennt diesen Vorgang „Runden". Die Beispiele 338 - 343 sind durchweg aus jeweils einem einzigen Stück Blech geformt.

332 - 337: Elementare Biegeformen mit rund und kantig gebogenen Blechstücken.

338: Gruppierung gleicher Elemente zu einer Gesamtform. Material: Schwarzblech, 0,4 mm stark.

339 - 342: Blechstücke sind eingeschnitten und zu Raumformen gebogen, kantig, winklig bei 339, 340, 342 und weich, rund bei 341.

338

339

340

341

342 S

343

343: Ein längliches Stück Blech wird von beiden Seiten gleichmäßig eingeschnitten. Die Einschnitte werden mit der Flachzange zu winkligen Formen, die einen rechteckigen Raum umgreifen, abgebogen. Es entsteht eine konstruktiv-räumliche Form mit strenger Reihung der Elemente.

BLECH, DRAHT, GEWEBE

344: Federharter Stahldraht ist sehr elastisch. Wird er gebogen, so entsteht eine gespannte Linienführung. Bei dieser Übung ist gelochtes Blech als Grundplatte verwendet. Die Drähte entsprechen in ihrer Stärke (1 mm) dem Durchmesser der Löcher und können nach dem Einstecken verlötet werden. Die Aufgabe bestand darin, mit verschieden stark gebogenen Drähten Räume zu bilden, die sich wechselseitig durchdringen.

345: Kombination aus Draht und Gewebe. Aus 1 mm starken Drahtstücken wurde ein gerüstartiges Gebilde entwickelt, das aus zwei senkrechten Formgruppen besteht, die miteinander durch horizontale Drähte verbunden sind. Durch die Beschränkung auf die vertikale und horizontale Richtung entstehen offene kubische Räume, deren Wände teilweise mit Drahtgewebe gegliedert sind.

346: Die interessante Wirkung dieser Arbeit beruht darauf, daß das Drahtgewebe, wenn es sich überschneidet, verschiedene Hell-Dunkel-Stufen erzeugt. Es entstehen an den Überschneidungsstellen neue Formen.

347: Räumliche Ordnung und Durchdringung in symmetrischer Komposition. Material: gelochtes Blech und federharter Stahldraht, weich gelötet.

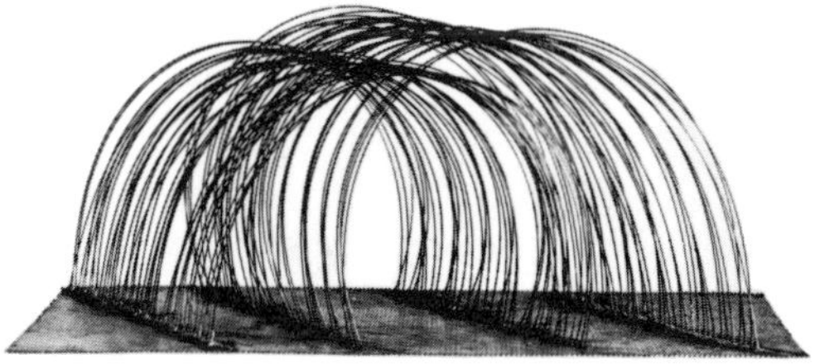

344 S

345 S

346 S

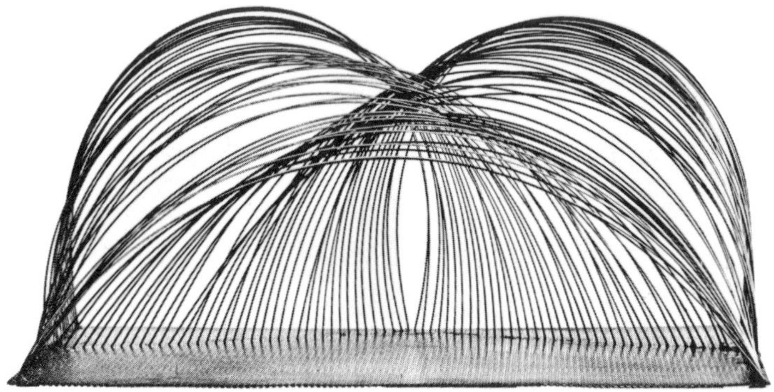

347 S

348 S

348: Bei dieser Arbeit beruht die Spannung auf dem Kontrast von Linie und Fläche, von Draht und Gewebe. Die Drähte werden im Wechsel von kurz und lang zu einer vertikalen Richtungsgruppe vereinigt, zu der die horizontal gerichtete Gruppe der Gewebeformen, die einen schwebenden Charakter haben, in Beziehung gesetzt sind.

349, 350: Die Ausgangsform bildet ein Würfelraum, der durch Draht umgrenzt wird. Die Aufgabe besteht darin, den Leerraum durch eine räumliche Ordnung zu aktivieren. Das kann auf verschiedene Weise geschehen. Bei unseren Übungen schrieb die Spielregel vor, zwei oder mehrere Brennpunkte zu bilden, die mit den Würfelkanten durch Drähte verbunden sind.

351: Hier wird der Innenraum des Würfels kubisch gegliedert, wobei die Raumformen sich durchdringen.

352: Werden Würfeldiagonalen durch Drähte verbunden, so entstehen parabelförmige Flächenbahnen. Der Reiz dieser Arbeit liegt besonders darin, daß die Form, aus verschiedenen Blickwinkeln, ständig variiert.

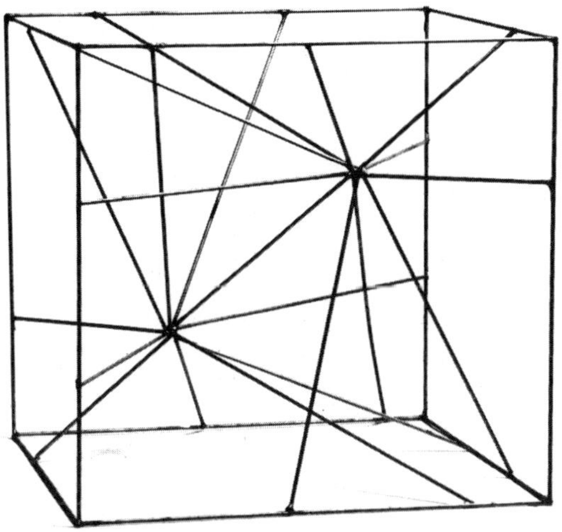

349 **J** 14

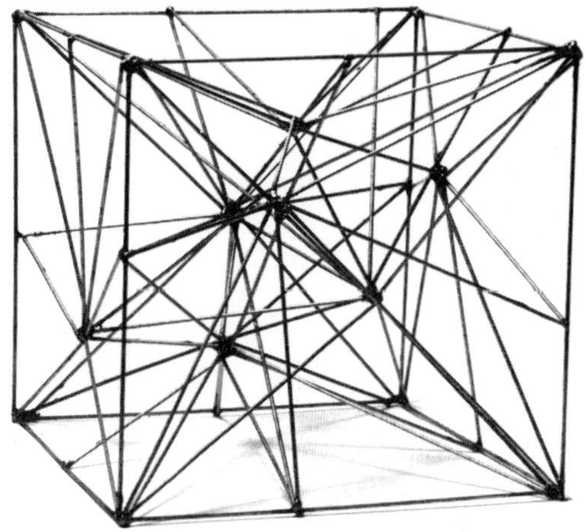

350 **J** 14

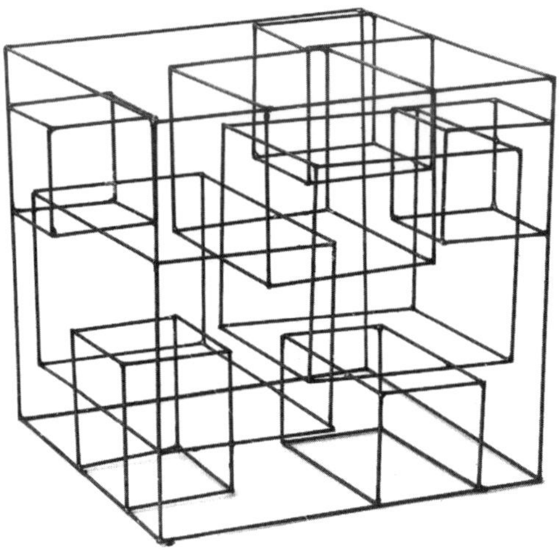

351

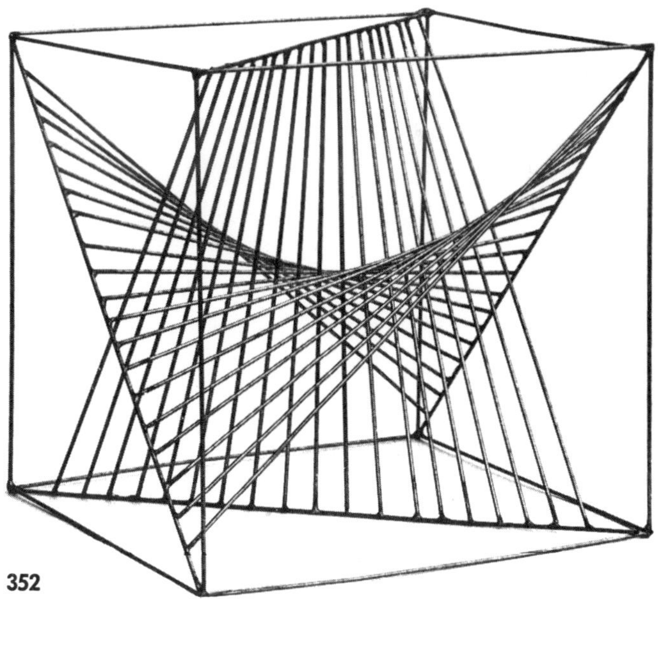

352

353 S

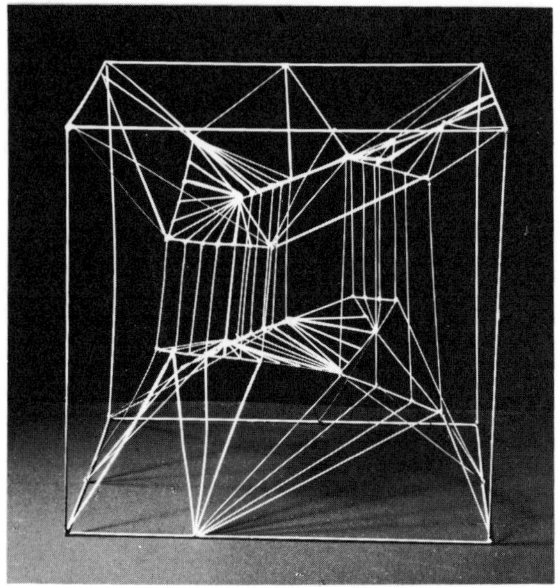

354 S

353: Der Würfel schließt ein Gebilde ein, das sich durch die Dichte seiner Vergitterung stark behauptet und in seiner formalen Selbständigkeit eine wirkungsvolle Spannung erzeugt. Die Lötstellen wurden knotenhaft verdickt, um die bildnerische Absicht zu verdeutlichen. Material: verzinkter Stahldraht (Eisendraht) in Stangenform, 1,5 mm stark.

354: Im Unterschied zu der nebenstehenden Arbeit werden hier die Binnenformen mit den Würfelkanten beziehungsvoll verspannt. Der Schwere und Dichte in 353 steht hier Leichtigkeit und Transparenz gegenüber.

Die Formspiele mit dem Würfel sind für eine Auseinandersetzung mit den Gesetzlichkeiten des räumlichen Gestaltens besonders fruchtbar.

355: Eine formal besonders gute Lösung.

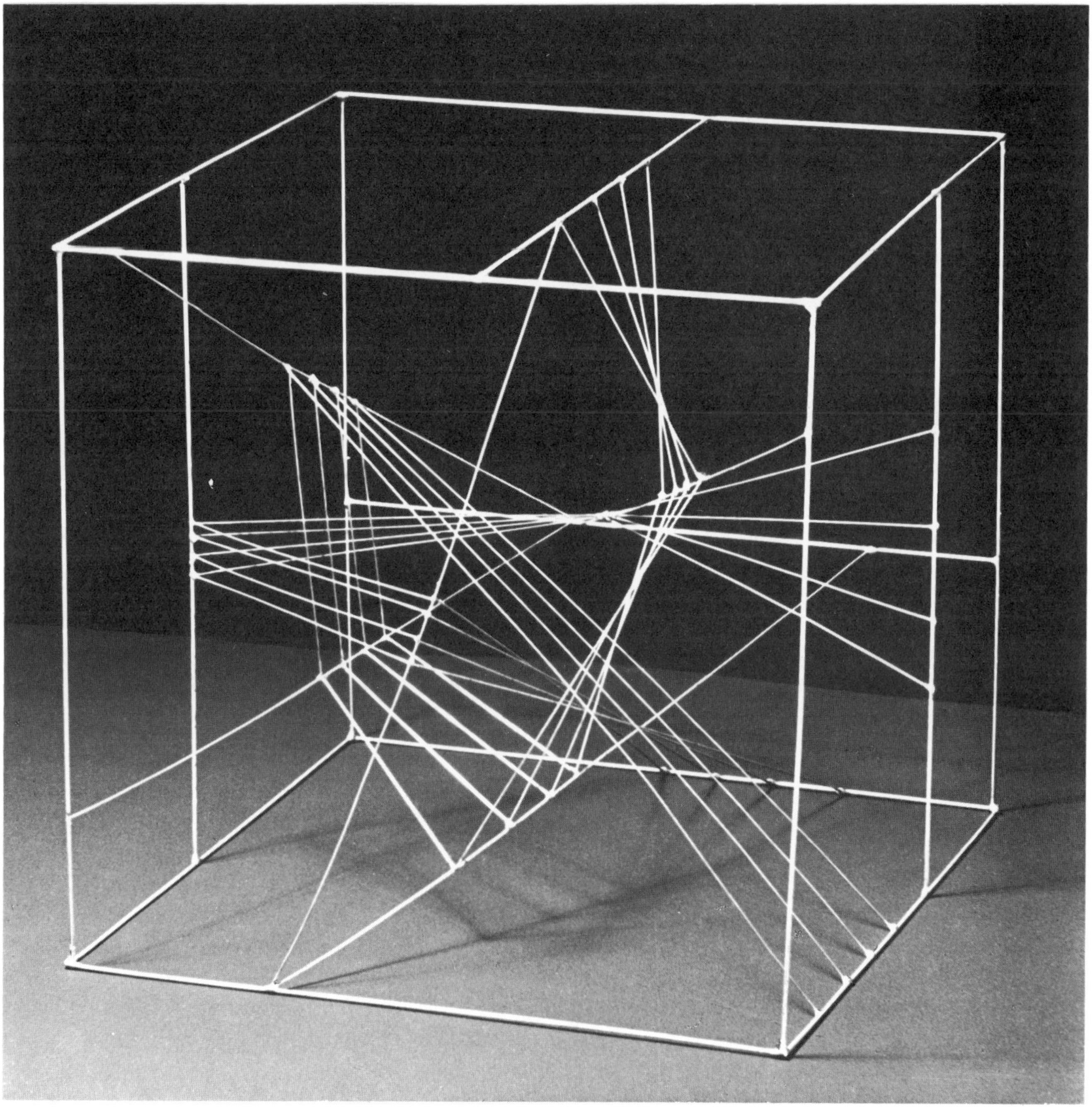

355 S

356 S

357 S

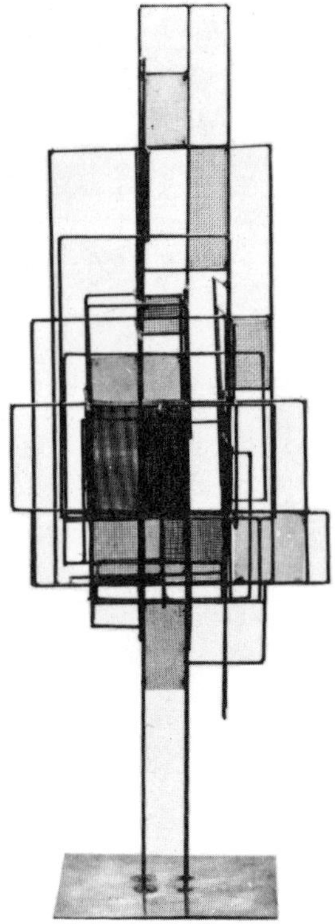

358 S

356: Das Formelement für diese Aufgabe bildet die Winkelschiene aus Weißblech. Sie eignet sich gut für das konstruktiv-räumliche Gestalten. Höhe der Arbeit 60 cm, gelötet.

357: Konservendosen aus Weißblech sind ein bildnerisch wertvolles Abfallmaterial. Aus ihren zylindrischen Grundformen wurde hier ein vertikal und horizontal gerichtetes plastisches Gebilde entwickelt. Gelötet.

358: Konstruktiv geometrische Form aus Draht und Drahtgewebe mit Flächenbildungen.

359: Kombination von Draht und Blechstücken. Die vertikale Komposition aus Senkrechten und Waagerechten, die sich nach allen Seiten dem Raum öffnet, hat ihren Schwerpunkt in der Mitte.

360: Aus Drahtgewebe wurden plastische Formen gebogen, deren Teile verlötet sind. Unser Beispiel zeigt eine interessante Komposition aus geschlossenen und geöffneten Gewebeformen.

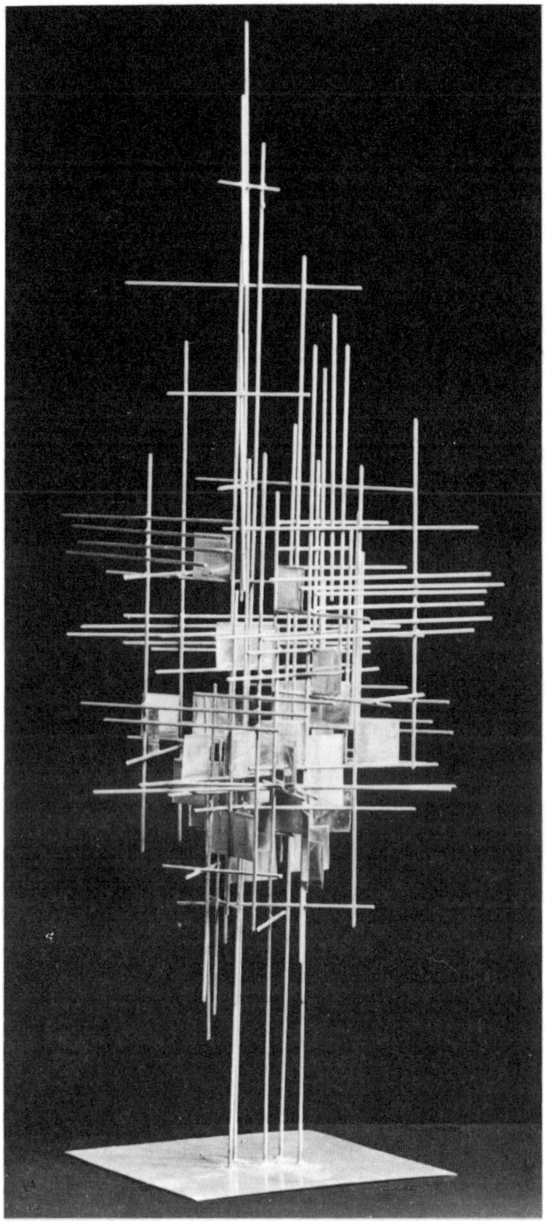

359 S

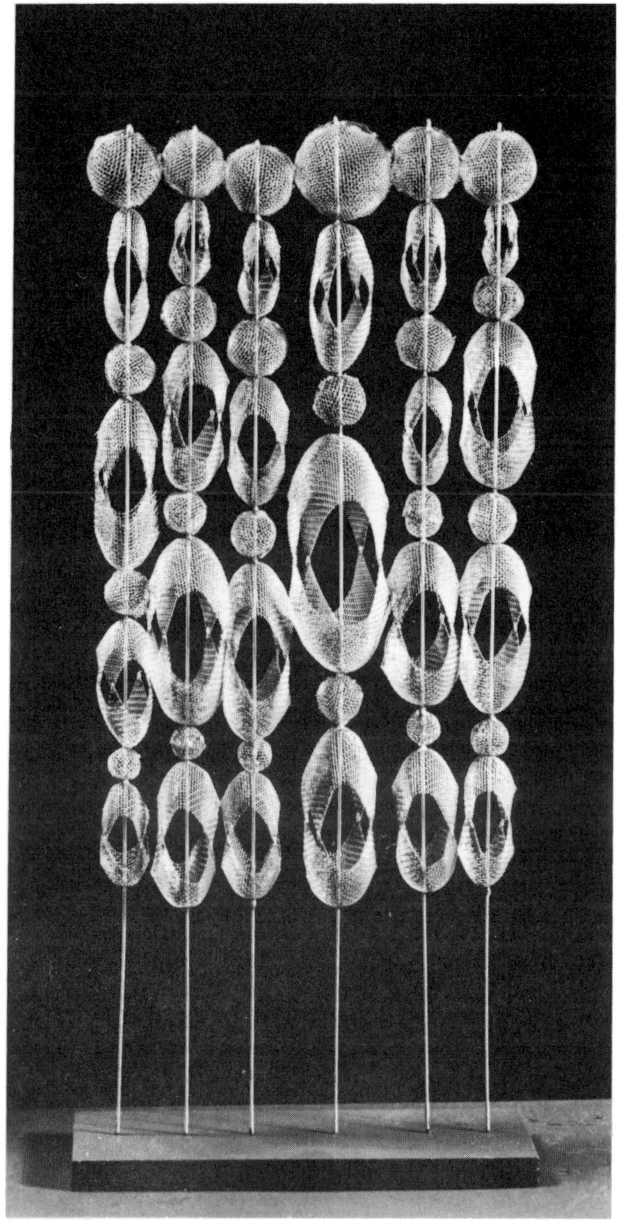

360 S

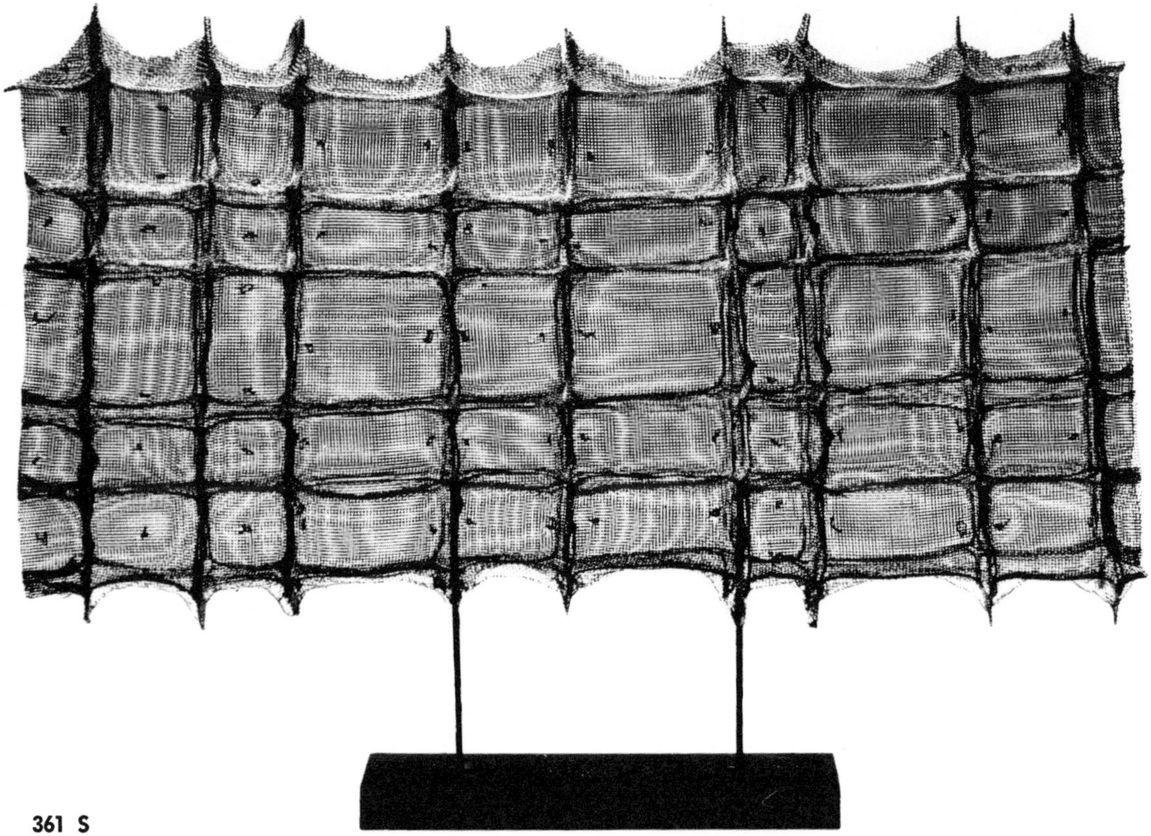

361 S

361: Das Drahtgewebe hat in seinem siebartigen und transparenten Charakter eigene bildnerische Reize, besonders dann, wenn wie hier zwei hintereinandergelegte Gewebeflächen durch das Licht changieren. Wird Gewebe gefaltet, so verdichtet es sich an dieser Stelle, und es ergeben sich Helligkeitsunterschiede. In unserem Beispiel wurde die lineare Gliederung durch Auffaltung erreicht. Punkthafte Lötstellen bereichern die bildnerische Wirkung.

362: Diese Arbeit überrascht in ihrer reichen und differenzierten Anordnung von Drähten besonders durch die sehr sensibel zum Ausdruck gebrachten Richtungsänderungen.

362 S

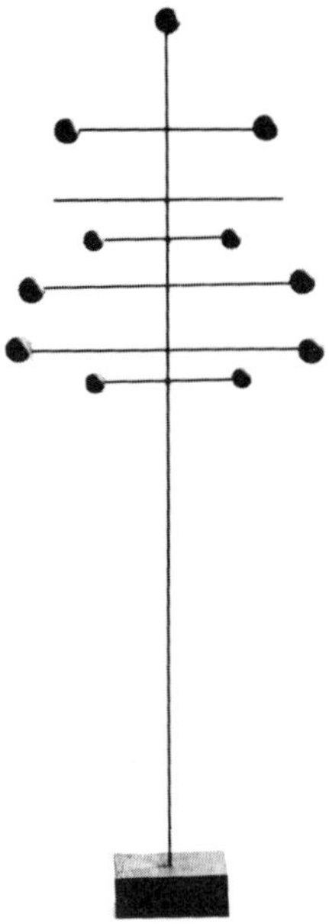

363

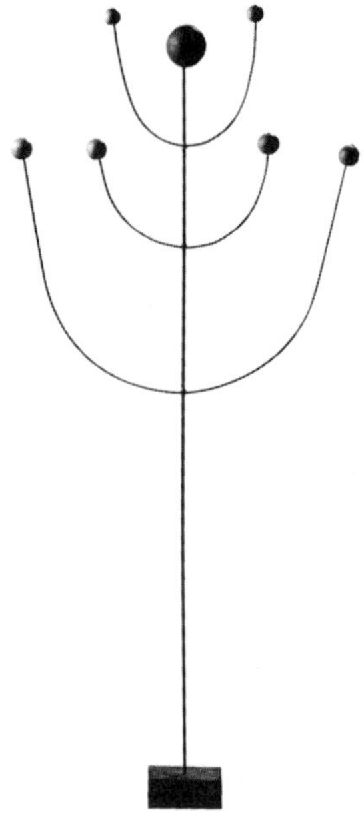

364

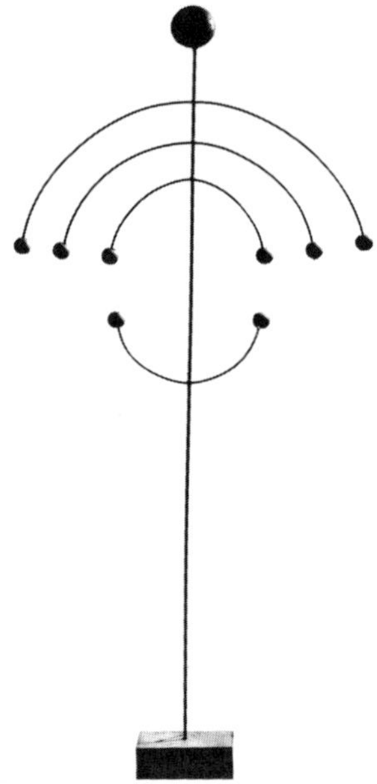

365

Konstruktiv-dynamisches Gestalten

VIBRATION, PENDEL, GETRIEBE

Die hier aus dem Bereich des konstruktiv-dynamischen Gestaltens gebrachten Beispiele sind weniger unter technologischem und rationalem Aspekt, vielmehr unter dem Gesichtspunkt des freien Spiels mit mechanischen Elementen aufzufassen.

Wie bei der kinetischen Plastik geht es hier um Gestaltfindung mit technischen Elementen im bildnerischen Bereich.

Wir beginnen mit einfachen Bewegungsspielen. Die Vibration, das Hin- und Herschwingen ist ein Naturvorgang (Zittergras), dem wir in unseren Übungen nachspüren und der uns als Vorbild dient. Wir benutzen als Material gestreckte Drähte, die härter und damit elastischer sind als weiche Drähte.

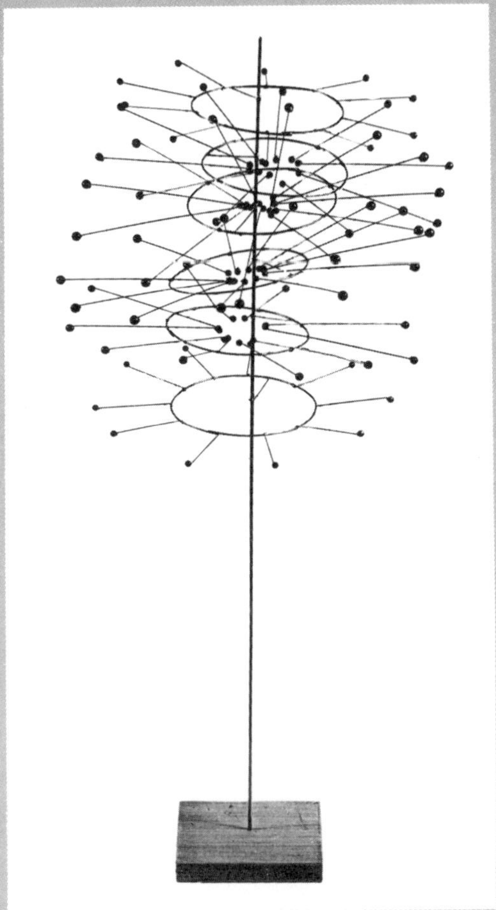

366 S

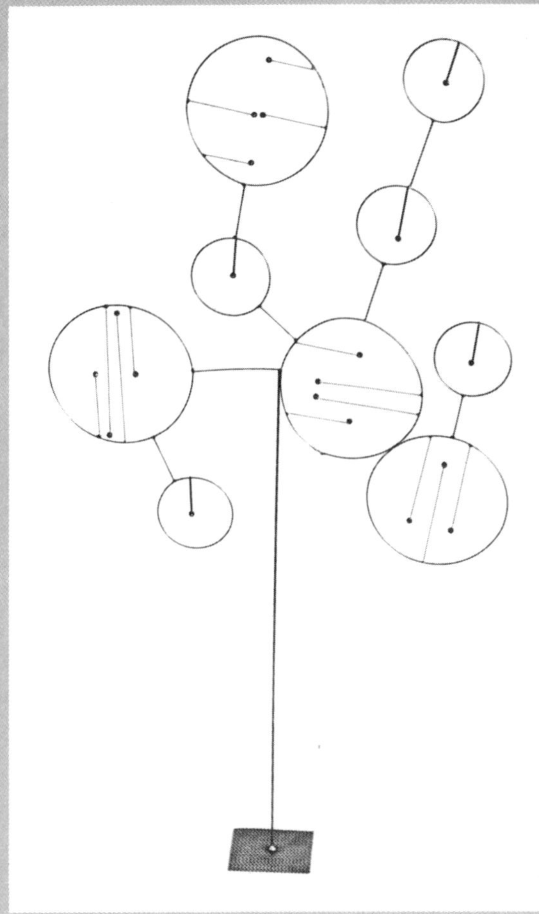

367 S

363 - 365: Verschiedene Formen von Bewegungsspielen. Stößt man das Gebilde an, so wird es aus dem Gleichgewicht gebracht und gerät in Schwingung. Die Vibration wird durch die aufmontierten Holzkugeln verstärkt. Schwingungsdauer und -weite sind abhängig vom Material, von der Länge der Schwingungsarme und den Gewichten.

366: Verschieden große Stahlkugeln verstärken durch ihre Schwere die Vibration. Messingdraht, gestreckt.

367: Bewegungsspiel, das aus Kreisformen aufgebaut ist und bei der geringsten Erschütterung in Schwingung gerät. Höhe 60 cm, gestreckter Messingdraht.

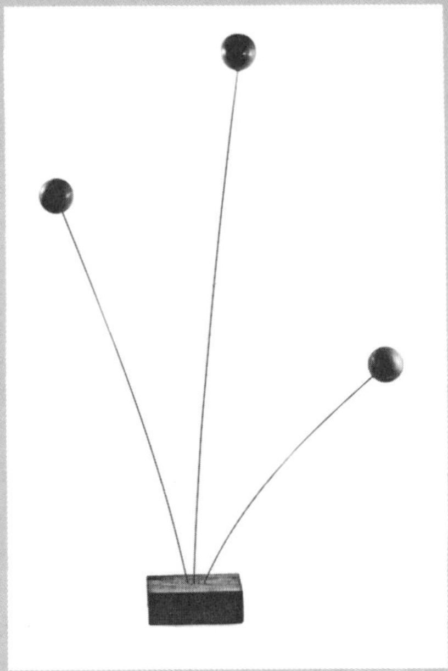

368

369 S

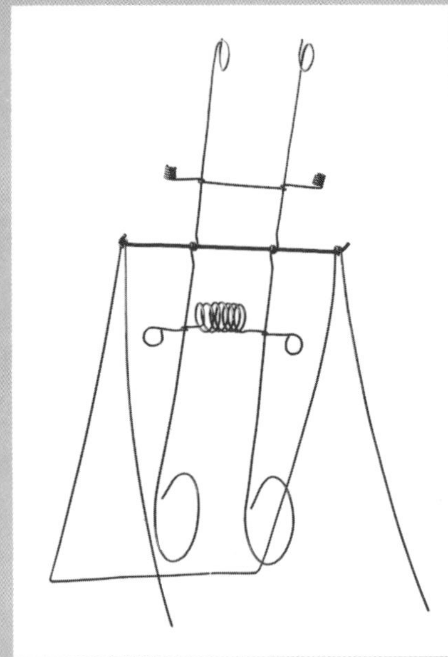

370 S

Ein weiteres Aufgabenfeld im Bereich des dynamischen Gestaltens bietet das Pendel.

368: Auf federharte Stahldrähte sind Holzkugeln montiert. Die verschieden langen Arme bewirken eine unterschiedliche Schwingungsweite und -dauer.

369, 370: Zwei Lösungen zu dem Thema „Pendel". Material: verzinkter Stahldraht.

371: In einem Gestell aus Draht wurde eine mehrfach gekröpfte Kurbelwelle gelagert. An der Kurbelwelle sind sechs Schubstangen (Pleuelstangen) mit Glaskugeln angebracht, die sich in einem verschiedenen Rhythmus bewegen.

372: Der grotesk insektenhaft wirkende Bewegungsablauf dieser „Maschine" und ihre formale Gestaltung vereinen technische Phantasie und gutes Formempfinden.

373: Hammerwerk eines fünfzehnjährigen Jungen.

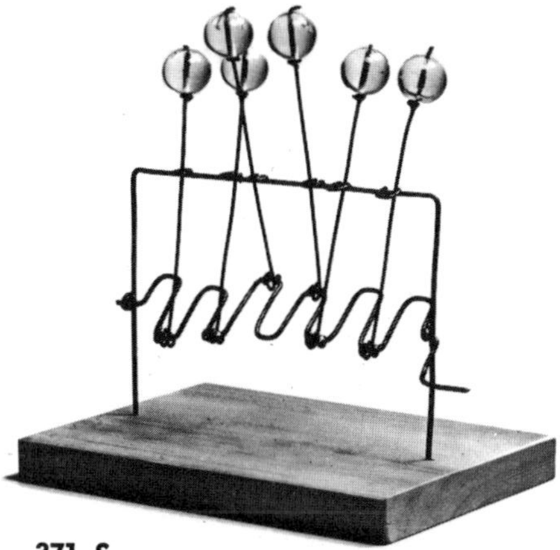

371 S

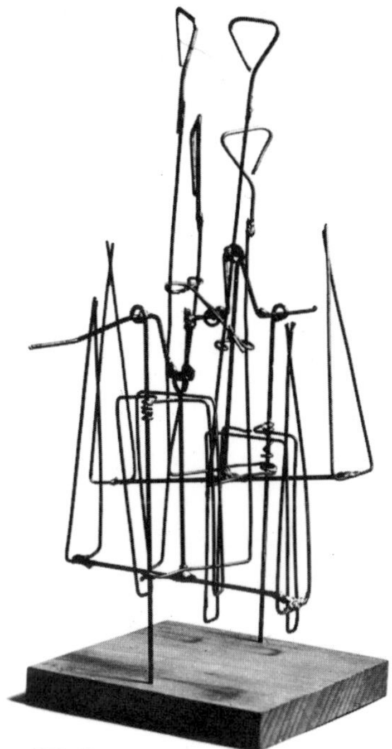

372 S

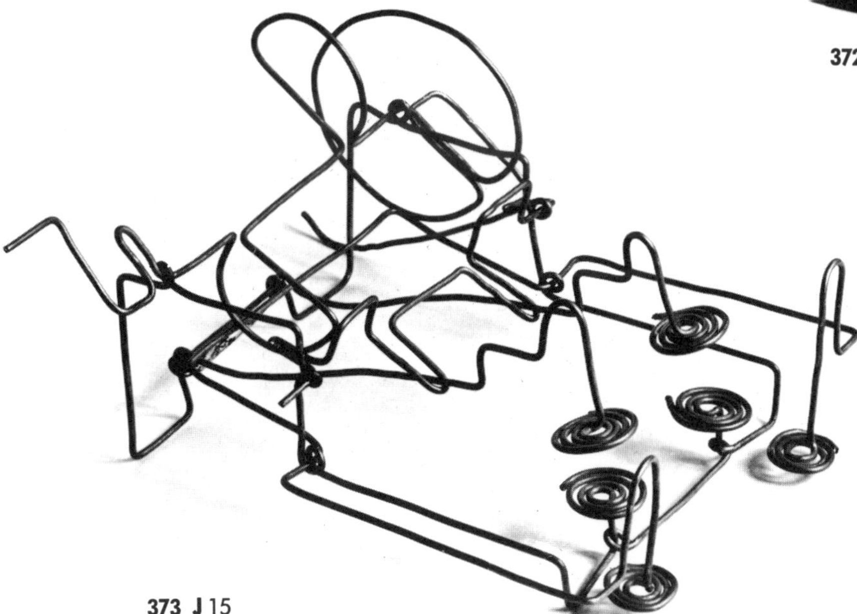

373 J 15

374

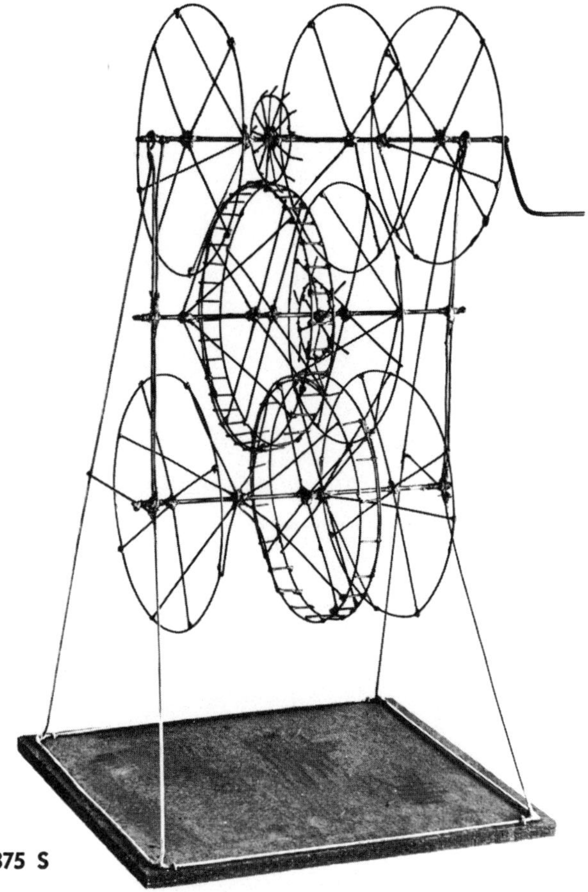

375 S

374: In einem quaderförmigen Gestell wurden in verschiedenen Ebenen Wellen gelagert, mit denen Zahnräder fest verbunden sind. Als Lagerung der Wellen dienten Messingröhrchen. Die Arbeit überzeugt in ihrer Einheit von Form, Funktion und Konstruktion. Die Verbindungen sind gelötet.

375: Bewegung und Gegenbewegung des Zahnradtriebes in drei Ebenen.

376: Differenzierte Bewegungsabläufe innerhalb eines kugelförmigen Gebildes.

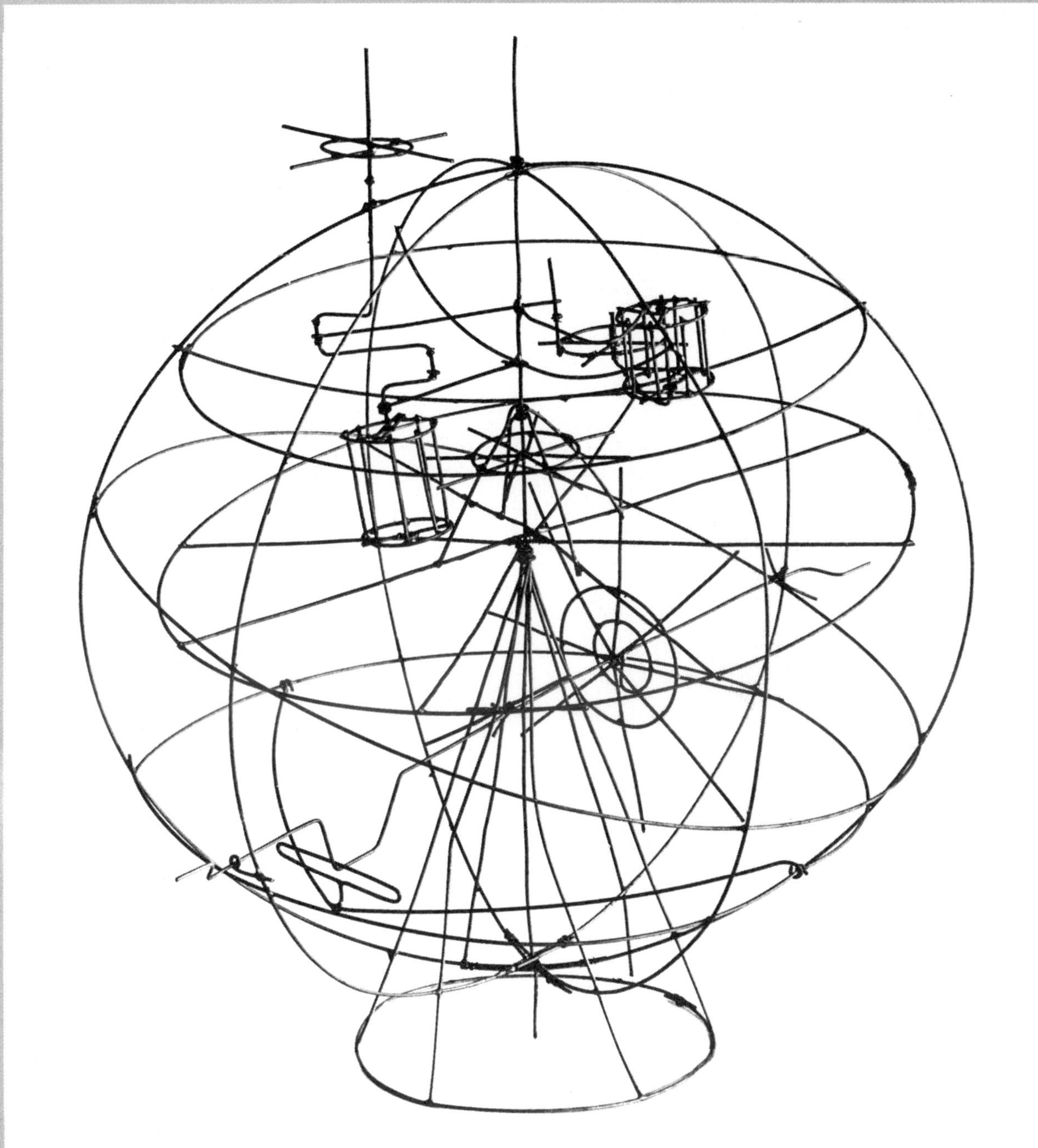

376 S

Technische Hinweise

Die technischen Hinweise können im Rahmen dieses Buches nur auf das Nötigste beschränkt werden. Wir verweisen auf die im gleichen Verlag erschienenen Fachbücher, die ausführliche technische Anleitungen bieten:
W. Braun-Feldweg: Metall, Werkformen und Arbeitsweisen, E. Hager und R. Wollmann: Metallarbeiten

WERKSTOFFE

Aufgrund ihrer Eigenschaften teilt man die Metalle in folgende Gruppen ein: Eisen und Stahl, Schwer- und Buntmetalle, Leichtmetalle und Edelmetalle. Zu den Schwer- und Buntmetallen gehören u. a. Kupfer, Messing, Zink, Zinn, Blei und Bronze. Als Leichtmetall ist das Aluminium am bekanntesten. Gold, Silber und Platin zählen zu den Edelmetallen. Die Metalle kommen in vorgeformtem Zustand, als sogenannte Halbfabrikate, in den Handel. Für unsere Zwecke sind vor allem Drähte, Drahtgewebe und Bleche geeignet.

DRAHT

Bei Drähten unterscheidet man weiche, halbharte und harte Drähte. Sie werden aus den verschiedensten Metallen und in unterschiedlichen Stärken hergestellt. Am gebräuchlichsten ist der verzinkte Stahldraht (Eisendraht). Er wird in Ringen und in Stangenform geliefert. Da er biegsam ist und nicht rostet, eignet er sich gut für Biege- und Lötarbeiten. Der geglühte Stahldraht (Bindedraht) ist weicher, rostet aber mit der Zeit. Seine Oberfläche ist durch eine Oxydschicht blau gefärbt.
Aluminiumdraht ist ein sehr weicher Draht und läßt sich gut biegen. Beim Hämmern auf einer Schlagunterlage aus Metall erweist er sich als zäh und dehnfähig. Geeignete Stärken: 1 - 2,5 mm.
Kupfer-, Messing- und leonische Silberdrähte (versilberte Kupferdrähte) sind gut für Drahtschmuck geeignet. Wir verwenden hauptsächlich weiche und halbharte Drähte in den Stärken von 0,8 - 1,5 mm. Kupfer ist ein reines Metall, Messing dagegen eine Legierung aus Kupfer und Zink.
Federstahldraht ist sehr hart und läßt sich nur schwer biegen. Stahlschweißdrähte sind zum Schutz gegen Rost verkupfert. Sie werden in Stangenform und in unterschiedlichen Stärken geliefert.

BLECH

Für einfache Blecharbeiten sind Stahlbleche (Schwarzblech), verzinkte Stahlbleche, Zinkbleche, Weißbleche und Aluminiumbleche die geeignetsten Materialien. Sie sollten möglichst weich und nicht zu dick sein, damit sie sich verformen lassen. Weißblech ist verzinntes Stahlblech. Es rostet nicht und läßt sich gut löten. Es wird in den Stärken 0,15 bis 1 mm geliefert. Bleche, die unter 0,2 mm stark sind, bezeichnet man als Folien. Aluminiumfolien lassen sich gut für Drückarbeiten verwenden. Zum Treiben von Gefäßen benutzt man am besten weiches Kupferblech in den Stärken von 0,8 oder 1 mm. Auch Messing- und Tombakbleche sind geeignet. Bleiblech läßt sich leicht biegen und hämmern. Beim Bearbeiten von Blei ist Vorsicht geboten. Es haften leicht Bleispuren an den Händen, die sich schädlich im Körper auswirken können. Vor dem Essen ist es dringend erforderlich, die Hände gründlich zu waschen.

GEWEBE

Drahtgewebe gibt es u. a. aus Stahl-, Messing- und Kupferdraht, wobei das verzinkte Stahldrahtgewebe für das Metallwerken das gebräuchlichste ist. Das Gewebe besteht aus Drähten, die in der Längsrichtung gespannt sind und durch Querdrähte wechselseitig verflochten werden. Die Form des Drahtgewebes wird durch die Maschenweite und durch die Drahtstärke bestimmt. Ein Drahtgewebe, das z. B. eine Maschenweite von 0,8 mm und eine Drahtstärke von 0,25 mm besitzt, gehört zu den feinen Geweben. Punktgeschweißtes Gewebe, wie man es z. B. in der Bauindustrie verwendet, eignet sich gut als Grundfläche für figurative Drahtarbeiten (s. Abb. 97 - 99).

WERKVERFAHREN

BIEGEN VON DRAHT UND BLECH

Weiche Drähte und Bleche können wir mit der Hand biegen. Winkliges Biegen erfolgt mit der Flachzange, kreisförmiges mit der Rundzange. Für eine gleichmäßige Formgebung werden auch Rundstäbe verwendet. Wellenbiegungen von Draht und Blechstreifen können mit Hilfe von Biegeschablonen („Faulenzer") durchgeführt werden, indem man Rundhölzer in ein Brettstück eindübelt. Scharfkantiges Biegen von Blech bezeichnet man als „Abkanten", zylindrisches Formen nennt man „Runden". Das Abkanten wird mit einem Holz- oder Plastikhammer entweder im Schraubstock oder mit Hilfe einer Holzleiste oder einem Stück Profilstahl durchgeführt. Für längere Blechstücke ist eine Abkantbank notwendig. Bleche, die zylindrisch geformt werden sollen, biegen wir über einem stärkeren Rundholz oder einem Rohrstück, die im Schraubstock eingespannt werden.

TRENNEN VON DRAHT UND BLECH

Zum Durchtrennen von Drähten können wir folgende Werkzeuge benutzen: Seitenschneider, Vorschneider und Kombizange. Für stärkere Drähte ist der Hebelschneider geeignet. Dünnes Blech bis zu einer Stärke von etwa 0,4 mm wird mit einer leichten Blechschere, der sogenannten Goldarbeiterschere, geschnitten. Stärkere Bleche schneidet man mit einer Handschere. Dabei wird die Schere so gehalten, daß die Anrißlinie zu sehen ist. Kreisflächen werden von links nach rechts geschnitten, damit das Obermesser der Blechschere die Rißlinie nicht verdeckt. Für lange gerade Schnitte benutzt man die Durchlaufschere. Ist das Blech über 1,2 mm stark, so muß eine Hebelschere eingesetzt werden.

DAS AUFZIEHEN VON GEFÄSSEN

Man benötigt dazu einen Sickenhammer und ein sogenanntes „Sattelholz", das aus einem Buchenholzstück mit einer runden Kerbrille besteht. Auf dem Sattelholz wird das Blech vom Bodenrand beginnend in Falten gelegt und anschließend quer dazu wieder glatt geschlagen. Faltenschlagen und Glätten, Strecken und Stauchen wiederholen sich so lange, bis die gewünschte Form erreicht ist. Nach jedem Arbeitsgang muß das Blech ausgeglüht und gebeizt werden.

DRÜCKEN UND PUNZIEREN

Für Metall-Drückarbeiten ist die Aluminiumfolie der geeignete Werkstoff. Um Linien oder Flächen reliefhaft einzudrücken, benutzen wir am besten angespitzte Hartholzrundstäbe oder auch Kugelschreiber und Bleistift. Eine weiche Unterlage aus

Zeitungen ermöglicht das Eindrücken. Zum Punzieren werden dünne Bleche bis zu 0,3 mm Stärke verwendet. Als Werkzeuge für die Strukturen und Musterungen benötigt man Metallpunzen, die aus Schweißdrähten oder Nägeln selbst hergestellt werden können. Die Punzen können quadratisch, kreis- oder kugelförmig gefeilt werden. Als Unterlage dienen eine stärkere Strohpappe oder eine Hartfaserplatte.

LOCHEN

Dünne Aluminium- und Weißbleche eignen sich gut zum Durchschlagen und Lochen. Als Werkzeuge können sowohl Nägel und Vorstecher als auch scharf angeschliffene Durchschläge genommen werden. Unterlage: weiche Dämmplatte. Für stärkere Bleche ist eine Hirnholzunterlage notwendig.

BOHREN

Beim Bohren muß das Werkstück fest eingespannt sein, damit es sich nicht mitdrehen kann (Schraubstock, Schraubzwinge). Der Mittelpunkt des Bohrlochs wird angerissen und gekörnt, um ein „Verlaufen" des Bohrers zu verhindern. Als Werkzeuge zum Bohren können sowohl Handbohrmaschinen als auch elektrische Bohrmaschinen benutzt werden.

SÄGEN

Die Metallsäge arbeitet auf Stoß und hat ein auswechselbares Sägeblatt. Zum Sägen wird das Werkstück so in den Schraubstock gespannt, daß die Schnittstelle dicht an den Backen des Schraubstocks liegt. Das Ansägen geschieht an der hinteren Kante des Werkstücks. Für feinere Arbeiten eignen sich auch Laubsägen mit Metallsägeblättchen.

FEILEN

Die Feilen werden nach Größe, Form und Hieb unterschieden. Grundsätzlich feilen wir zuerst mit einer groben Feile und glätten mit einer Schlichtfeile. Das Werkstück wird wie beim Sägen fest in den Schraubstock eingespannt, da es sonst federt.

WEICHLÖTEN UND HARTLÖTEN

Zum Weichlöten werden folgende Werkzeuge und Hilfsmittel benötigt: elektrischer Lötkolben (80 und 150 Watt), Lötzinn, Lötfett oder Lötwasser als Reinigungs- und Flußmittel und ein Salmiakstein. Als sehr brauchbar hat sich beim Löten eine Dauerlötspitze (ERSA-DUR) erwiesen, die nicht die Nachteile der einfachen Kupferspitze hat. Die Dauerspitze zundert nicht, behält ihre vorgegebene Spitzenform, läßt sich leicht auswechseln und braucht nicht mit dem Salmiakstein oder der Feile behandelt zu werden. Der Lötvorgang geschieht auf folgende Weise: Die Lötstelle wird von Oxyd, Fett und Schmutz mit Feile und Schmirgelleinen gereinigt. Anschließend wird das Lötfett als Fluß- und Reinigungsmittel aufgetragen. Die zu verlötenden Teile dürfen bis zum Erstarren des Lötzinns nicht bewegt werden. Folgende Metalle können weich gelötet werden: Weißblech, Zinkblech, verzinktes Stahlblech, Kupfer und Messing. Aluminium können wir nicht mit Zinn löten.

Die Hartlötungen haben höhere Schmelztemperaturen und sind fester als Weichlötungen. Als Werkzeuge können wir Lötrohre, Flaschengasbrenner, Lötpistolen und auch Schweißbrenner mit weich eingestellter Flamme benutzen. Das Hartlot besteht aus einer Legierung von Kupfer und Silber, als Flußmittel wird Borax verwendet. Die neueren Hartlote wie Silcu Hartlötstäbe haben einen Schmelzbereich bei 700°. Bei Verbindung von Kupfer ist hierbei kein Flußmittel mehr notwendig.

NIETEN

Das Nieten dient dem festen Verbinden von Metallteilen wie Blechen usw. Der Niet besteht aus weichem Material (Aluminium, Kupfer), damit er sich gut stauchen läßt. Es gibt Rundkopf-, Flachkopf- und Versenkkopfnieten in verschiedenen Größen. Die Arbeitsvorgänge beim Nieten sind: Bohren oder Lochen, Nietenziehen, Vorstauchen, Vorformen und Ausformen des Schließkopfes. Als Werkzeuge benötigt man Hammer, Nietzieher, Nietkopfmacher und eine Metallunterlage. Der Niet besteht aus Kopf und Schaft. Wird der Niet in das Bohrloch gesteckt, so muß sein Schaft vor dem Vernieten um ca. 1¹/₄ der Schaftlänge herausragen.

STRECKEN VON DRAHT UND BLECH

Draht, der von der Rolle gewickelt wird, ist meistens etwas verbogen. Durch Strecken wird er gerade und steif. Wir spannen ein Ende des Drahtes in den Schraubstock und ziehen das andere Ende mit einer Flachzange mehrmals ruckartig an. Bleche, die verbogen sind, werden mit einem Holz-, Gummi- oder Plastikhammer gerichtet. Als Unterlage benutzt man eine ebene Stahlplatte oder einen Amboß.

WEICHGLÜHEN

Ein Metall, das gehämmert, gebogen, gestaucht und gereckt wird, verändert sich in seiner Struktur. Es wird härter und spröder. Um seinen ursprünglichen Zustand wieder herzustellen, glüht man es aus. Zum Erhitzen bis zur Dunkelrotglut benutzt man Bunsenbrenner, Lötlampe oder Flaschengasbrenner. Nach jedem Zwischenglühen muß das Werkstück gebeizt werden, um die Zunderschicht zu entfernen, die sich beim Ausglühen gebildet hat. Als Mittel zum Beizen verwendet man verdünnte Schwefelsäure im Verhältnis 1 : 10. Das Abkühlen kann bei Kupfer, Messing und bei nicht härtbarem Stahl in Wasser erfolgen.

SCHLEIFEN UND POLIEREN

Zum Schleifen verwenden wir feines Schmirgelleinen. Gibt man auf seine Fläche noch etwas Maschinenöl, so ist die Schleifwirkung besonders fein. Auch Stahlwolle und Schleifpasten sind geeignete Schleifmittel. Eine glänzende Oberfläche wird durch Polieren erzeugt. Poliermittel wie Wienerkalk oder Polierrot werden mit einem Filz- oder Wolltuch aufgetragen.

OBERFLÄCHENBEHANDLUNG UND -SCHUTZ

Um eine Metallfläche vor Verfärbung und Korrosion zu schützen, wird sie mit einem Überzug von Zaponlack versehen. Vor dem Zaponieren muß das Metall von Fett und Öl gereinigt sein. Der Lack wird mit einem weichen Pinsel aufgetragen.

Werkarbeiten aus Kupfer, Messing und Tombak können durch Färben in ihrer Oberflächenwirkung verändert werden. Ein geeignetes Mittel dazu ist die Schwefelleberlösung. Man löst 1 cm^3 Schwefelleber in 1 Liter heißem Wasser auf und taucht die Gegenstände so lange hinein, bis der gewünschte Farbton erreicht ist.

Das Spiel mit den bildnerischen Mitteln

Band I

WERKSTOFF PAPIER

Von Ernst Röttger und Dieter Klante. 108 Seiten mit 311 Abbildungen und 8 Farbtafeln.

Es ist nahezu unglaublich, welch zahllose Möglichkeiten zu schöpferischer Gestaltung in einem Stück Papier liegen. Ausgehend von den einfachsten Verwandlungen einer Fläche über Transparentarbeiten bis hin zu plastischem Gestalten werden im Menschen alle Erfindungsgabe und Phantasie geweckt und angeregt.

Band II

WERKSTOFF HOLZ

Von Ernst Röttger, Dieter Klante und Alfred Sagner. 120 Seiten mit 324 Abbildungen, darunter 12 Farbtafeln.

Holz ist einer der ursprünglichsten Werk- und Baustoffe der Menschheit. Unendlich viele Erfahrungen wurden bei der Verarbeitung gesammelt – immer wieder müssen sie neu erworben werden. Als organisch-lebendiger Stoff legt jedes Holz dem Bearbeiter stets neue und andere Bedingungen auf, mit denen er sich vertraut machen muß.

Band III

KERAMIK

Von Ernst Röttger und Dieter Klante. 120 Seiten mit 339 Abbildungen und 10 Farbtafeln.

Der im Buch behandelte Werkstoff ist der Ton. Er spricht das Tastgefühl und den Hang zum Formen unmittelbar an. Jeder gesund empfindende Mensch, vor allem aber das Kind, hat von Natur aus das Verlangen und die Fähigkeit, einer ungeformten Masse Gestalt zu geben.

Band IV

TEXTILES WERKEN
(Faden und Gewebe)

Von Rolf Hartung. 108 Seiten mit 156 Abbildungen, darunter 6 Farbtafeln.

Ursprung aller textilen Gebilde ist der Faden. Spinnen, Weben, Knüpfen und Stricken sind urtümliches Handwerk. Das Wirken mit dem Faden ist als gestaltende Handarbeit gerade für den Menschen von heute eine wertvolle Ergänzung seiner von der Überbewertung des Intellekts und der technischen Fähigkeiten bestimmten Bildung.

Band V

FARBE UND GEWEBE

Von Rolf Hartung. 100 Seiten mit 141 Abbildungen und 8 Farbtafeln.

In diesem Buche werden grundlegende Verfahren zur farbigen Musterung von Geweben gezeigt. Vom Farbgießen und -stempeln führt der Weg zu Falt- und Bindefärben und Reserveverfahren. Die Tauch-, Löffel-, Stempel-, Pinsel- und Tjantingarbeiten zeigen in neuer Weise die Möglichkeiten der Batik auf. Die meisten Werkzeuge dazu werden selbst hergestellt.

Band VI

WELLPAPPE

Von Rolf Hartung. 116 Seiten mit 188 Abbildungen.

Wellpappe ist ein Werkstoff unserer Zeit. Oft achtlos weggeworfen, birgt sie doch in ihrer besonderen Struktur viele neue Gestaltungsmöglichkeiten. Rolf Hartung zeigt hier Ergebnisse von Spielfolgen mit dem Werkstoff Wellpappe und erschließt damit eine Quelle unerschöpflicher Ideen, die dem Experimentieren des „spielenden Menschen", ob jung oder alt, keine Grenzen setzt.

Das Spiel mit den Bildelementen

DIE FLÄCHE

Von Ernst Röttger und Dieter Klante, unter Mitarbeit von Friedrich Salzmann. 120 Seiten mit 286 Abbildungen und 6 Farbtafeln.

Das Buch beginnt mit der organisch geprägten Form einer Fläche, dem Flecken. Von hier führen die Spielvorgänge über geometrische Flächengliederungen und Figurationen zur Strukturierung der Fläche, zur reinen Schwarzweiß-Wirkung, zur Graustufung und Collage.

PUNKT UND LINIE

Von Ernst Röttger und Dieter Klante. 143 Seiten mit 477 Abbildungen.

Die grundlegenden Elemente für den graphischen Ausdruck sind Punkt und Linie. Ausgangsform für alle in diesem Band vorgeschlagenen vielfältigen Spielaufgaben ist die Fläche. Das Endergebnis ist die rhythmische Gliederung einer Fläche.